Adekunle Musa

Serviços de Construção para o Conforto Humano, Volume 1

Adekunle Musa

Serviços de Construção para o Conforto Humano, Volume 1

ScienciaScripts

Imprint

Any brand names and product names mentioned in this book are subject to trademark, brand or patent protection and are trademarks or registered trademarks of their respective holders. The use of brand names, product names, common names, trade names, product descriptions etc. even without a particular marking in this work is in no way to be construed to mean that such names may be regarded as unrestricted in respect of trademark and brand protection legislation and could thus be used by anyone.

Cover image: www.ingimage.com

This book is a translation from the original published under ISBN 978-620-2-06701-0.

Publisher:
Sciencia Scripts
is a trademark of
Dodo Books Indian Ocean Ltd. and OmniScriptum S.R.L publishing group

120 High Road, East Finchley, London, N2 9ED, United Kingdom
Str. Armeneasca 28/1, office 1, Chisinau MD-2012, Republic of Moldova, Europe
Printed at: see last page
ISBN: 978-620-7-92137-9

Índice

Prefácio

Este livro destina-se a ser um guia para estudantes e um manual para engenheiros, arquitectos, construtores, etc., envolvidos na prática de serviços mecânicos e eléctricos em edifícios.

O livro foi dividido em seis capítulos que cobrem o estudo dos serviços de construção e foi organizado de modo a poder ser trabalhado progressivamente do princípio ao fim. O primeiro capítulo descreve os antecedentes do tema, que apresenta os requisitos essenciais da existência humana. As fontes de abastecimento de água foram também identificadas com a sua importância para o consumo no edifício.

O segundo capítulo trata relativamente dos sistemas ambientais, bem como da conceção dos sistemas de canalização e das instalações de drenagem. O armazenamento e a distribuição de água, bem como o seu tratamento, também foram abordados. O capítulo três trata do sistema de ventilação do edifício e abrange também o objetivo e o método de ventilação. Os filtros e ventiladores não foram deixados de fora neste capítulo.

O capítulo quatro apresenta o sistema de iluminação, as fontes de luz e as condições de iluminação foram discutidas. A instalação eléctrica do edifício foi apresentada no capítulo cinco. O capítulo discute extensivamente o circuito elétrico, o elemento e o sistema de proteção aplicável. O capítulo seis ilustra o sistema de arrefecimento de um edifício. Foi abordado o princípio dos sistemas de refrigeração e de ar condicionado (R & A).

Para além de tudo isto, o livro contém exemplos de trabalho. Estes são realizados para ilustrar efetivamente o princípio básico para os problemas de instalação. Os apêndices também foram apresentados para ilustrar o diagrama da Engenharia Mecânica e Eléctrica (M & E) típica.

Por este motivo, o autor pede desculpa por eventuais erros que possam ter escapado ao controlo do autor, do editor ou da gráfica. Terei todo o gosto em receber comentários, correcções e sugestões dos utilizadores deste livro.

Adekunle Ibrahim MUSA

Capítulo 1

INTRODUÇÃO

Existem cinco requisitos essenciais para a existência humana. São eles: i) ar, ii) água, iii) alimentos, iv) calor e v) luz. A contaminação destes elementos pode causar graves riscos para a saúde não só do homem mas também da vida animal e vegetal. A utilização da água pelo homem, pelas plantas e pelos animais é universal, sem ela não pode haver vida. Todos os seres vivos necessitam de água. O homem e os animais não só consomem água, como também a consomem para a sua alimentação, e a vegetação, por sua vez, não pode crescer sem água.

O crescimento da vegetação também depende da ação das bactérias, sendo que uma bactéria necessita de água para sobreviver. A ação das bactérias pode transformar a matéria vegetal em solo produtivo. As novas plantas, que crescem neste solo, crescem sugando nutrientes através das suas raízes sob a forma de solução na água. Assim, uma cadeia ecológica é equilibrada. A água mantém uma estabilidade ecológica, estabilidade na relação entre os seres vivos e o ambiente em que vivem. A utilização da água está a aumentar rapidamente com o crescimento da nossa população.

Em muitas regiões do país já se regista uma grave escassez de água, tanto superficial como subterrânea. A poluição e a contaminação descuidadas dos cursos de água, lagos, reservatórios, poços e outras fontes subterrâneas prejudicaram grandemente a qualidade da água disponível.

Esta poluição resulta da eliminação incorrecta das águas residuais, tanto domésticas como industriais. As sociedades civilizadas necessitam de um serviço duplo de abastecimento de água e de eliminação de águas residuais. Não é possível manter um bom saneamento sem sistemas de abastecimento de água adequados; sem uma eliminação correcta, os resíduos da comunidade podem criar um perigo para a saúde.

1.2 FONTES DE ABASTECIMENTO DE ÁGUA

As fontes comuns de abastecimento de água incluem

i) Águas pluviais; ii) Águas superficiais; iii) Águas subterrâneas; iv) Águas obtidas por recuperação

1.2.1 ÁGUA DA CHUVA

a) **Dos telhados das casas e habitações:** esta água é armazenada num pequeno tanque subterrâneo ou cisterna para pequenos abastecimentos individuais.

b) **A partir de bacias de captação preparadas:** A superfície das bacias hidrográficas é impermeabilizada com materiais de revestimento adequados e é dada uma inclinação adequada para que a água seja armazenada em reservatórios de tamanho moderado. Esta água é utilizada para abastecimento comunitário, principalmente para fins de consumo.

1.2.2 ÁGUA DE SUPERFÍCIE

As águas superficiais são também aquelas que estão disponíveis como escoamento de uma área de captação durante a chuva ou precipitação. Este escoamento flui para cursos de água ou para lagos não drenados. A água de escoamento que flui para o ribeiro pode ser armazenada num reservatório através da construção de uma barragem ou ser desviada para um canal de abastecimento de água. Isto depende do esquema de recolha.

As águas de superfície podem ser obtidas a partir dos seguintes pontos:

a) **A partir de rios e de tiragem contínua:** A água pode ser captada diretamente do rio sem qualquer trabalho de desvio.

b) **De desvio de rio:** É construída uma obra de desvio através de um rio perene e a água é dividida num canal que conduz a água para o local das obras de purificação da água.

c) **A partir do armazenamento em reservatórios:** Quando o abastecimento de água não está assegurado durante todo o ano, pode ser construída uma barragem ao longo do rio e a água pode ser armazenada na albufeira.

d) **A partir da captação direta de lagos naturais:** A água também pode ser obtida através de captações directas de lagos naturais que recebem o escoamento superficial da bacia hidrográfica adjacente.

1.2.3 ÁGUA SUBTERRÂNEA

A maior fonte de água doce e adequada encontra-se no subsolo. Estima-se que o potencial total de água subterrânea seja um terço da capacidade dos oceanos. A principal fonte de água subterrânea é a **PRECIPITAÇÃO.**

As águas subterrâneas podem ser exploradas a partir dos seguintes pontos:

a)   De fonte natural

b)   De poços e furos

c)   De galerias de infiltração, bacia ou berço

d)   A partir de poços e galerias, os fluxos são aumentados a partir de outras fontes, tais como os espalhados à superfície do terreno de captação, transportados para bacias ou valas de carga e conduzidos para galerias ou poços de difusão.

e)   De poços colectores radiais ribeirinhos.

1.2.4 ÁGUA OBTIDA POR RECUPERAÇÃO

a) **Dessalinização:** A água salgada ou salobra pode ser tornada útil para fins de consumo através da instalação de instalações de dessalinização. Os métodos mais comuns utilizados são a destilação, a osmose inversa, a eletrodiálise, a congelação e a evaporação solar.

b) **Reutilização das águas residuais tratadas:** As águas residuais podem ser tratadas de modo a poderem ser úteis. Um exemplo de reutilização indireta controlada é a recarga artificial intencional de aquíferos subterrâneos por águas residuais adequadamente tratadas.

1.3 IMPORTÂNCIA DA ÁGUA PARA CONSUMO NOS EDIFÍCIOS

i)   Na fase de construção, é necessária água para a mistura do betão. É da responsabilidade do empreiteiro principal, nos termos do contrato, fornecer esta água inicial para ser utilizada pelas pessoas no local.

ii)   Nos edifícios residenciais, a água doce é necessária para beber, lavar a roupa e a loiça e também para cozinhar. Os sanitários, bidés, duches de banho e urinóis também precisam de ser abastecidos com água fresca.

iii)   Em instalações industriais, escritórios, hotéis, escolas, mercados, centros comerciais, etc., também é necessária água para o funcionamento da lavagem dos aparelhos sanitários.

iv)   A água é também necessária para beber e para lavar o chão.

v)   Também é necessário para o funcionamento de piscinas nos hotéis e em alguns edifícios residenciais.

vi)   Nos hospitais, a água é essencial para as operações cirúrgicas e para os aparelhos sanitários.

vii)   Do mesmo modo, é essencial para o funcionamento dos aparelhos de combate a incêndios e também para fins de horticultura.

Capítulo 2

RECTICULAÇÃO DE CANALIZAÇÕES

No capítulo anterior, discutimos extensivamente as fontes de abastecimento de água e a sua importância para a vida humana, o que fez com que o equilíbrio do sistema ecológico se completasse. Mas, neste capítulo, vamos fazer uma radiografia do solo e dos aparelhos, acessórios e equipamentos de água e também explicar a instalação do sistema de água fria e quente e a eliminação de esgotos num edifício simples.

Um abastecimento adequado de água portátil é essencial para os ocupantes dos edifícios. A água da rede pública é fornecida a cada edifício através de uma ligação de serviço. No interior do edifício, a água é distribuída por diferentes tubagens que podem estar à superfície ou escondidas nas paredes ou por baixo do pavimento. A água assim fornecida pode ser utilizada para tomar banho, cozinhar, descarregar o autoclismo, lavar roupa/utensílios/pavimentos, etc.

Desta forma, a água portátil é convertida em águas residuais que são drenadas para um esgoto ou outro sistema de eliminação adequado, como uma fossa séptica, etc.

A canalização é um termo geral que inclui o sistema, os materiais, os acessórios e os dispositivos utilizados num edifício para o abastecimento de água, a remoção de água usada e de outros resíduos líquidos e de origem hídrica, incluindo os sistemas de ventilação ligados, bem como a drenagem de águas pluviais.

2.2 SISTEMA DE ENCANAMENTO: Os sistemas de canalização incluem, em geral, o seguinte:

a) Todo o sistema de abastecimento de água e tubagens de distribuição, incluindo acessórios e dispositivos como torneiras, válvulas, tanques, etc., utilizados no abastecimento de água.

b) Todo o sistema de drenagem sanitária, incluindo acessórios e utensílios como lavatórios, pias, sanitas, urinóis, sifões, tubos de solo, tubos de resíduos, tubos de ventilação, esgotos, fossas sépticas, etc.

c) Todo o sistema de águas pluviais, incluindo a recolha e o transporte de águas pluviais (de telhados, áreas pavimentadas e superfícies do solo) para as águas pluviais públicas ou para uma lagoa ou rio, etc.

2.3 INSTALAÇÕES SANITÁRIAS

O equipamento ou os aparelhos utilizados para a recolha e descarga de sujidade e resíduos são designados por **SANITÁRIOS**.

São necessários diferentes tipos de acessórios sanitários nos edifícios para desempenharem diferentes tipos de funções. Os acessórios sanitários são normalmente feitos de cerâmica, barro vidrado e terra vidrada ou louça vidrada. Os acessórios são concebidos e moldados de forma a terem uma superfície não absorvente que pode ser limpa facilmente.

Os tipos de acessórios normalmente utilizados na construção são os seguintes:

2.3.1 Retrete (ii) Urinóis (iii) Lavatórios (iv) Banheira (v) Base de duche (vi) Bidé (vii) Autoclismo e (viii) Lavatório

2.3.2 SANITÁRIOS (WC):- O tipo mais utilizado é o conhecido como "wash down", em que o conteúdo da sanita é removido pelo impulso da água de descarga. Pode dizer-se que é um aparelho destinado à recolha e descarga de excrementos humanos na canalização do solo através de um sifão. O autoclismo está ligado a um autoclismo que permite descarregar os excrementos da sanita. É feito de barro vidrado, barro cozido ou louça branca.

Os tipos de WC habitualmente utilizados são;

a)   Tipo indiano ou de cócoras

b)   Tipo europeu

c)   Tipo anglo-indiano

Figura 2.1 Tipo de sanita indianaFigura   2.2 Tipo de sanita europeia

2.3.3 URINÓIS:- Incluem-se na categoria de aparelhos de solo e, como tal, a descarga dos urinóis é ligada ao tubo de solo diretamente ou através de um sifão equipado com uma grelha de remoção em forma de cúpula de metal ou de baixo. Por razões de higiene, é desejável colocar azulejos nas paredes do urinol, de preferência até à altura da porta.

São habitualmente utilizados os seguintes tipos de urinóis

i) Tipo de taça

ii) Tipo de laje ou de banca.

i) **Tipo taça**; trata-se de uma peça única com um rebordo de caixa de descarga integrado com 12 orifícios adequadamente distribuídos para uma descarga correcta. O urinol tem uma buzina de saída na parte inferior para ligação ao sifão e um tubo de saída.

Figura 2.3 Urinol (tipo taça)

ii) Este tipo de urinol é fabricado como uma unidade única ou como uma gama de duas ou mais unidades. No caso de uma unidade única, a largura do urinol não deve ser inferior a 75 cm. A descarga de urina é normalmente efectuada através de um autoclismo automático que funciona com uma regularidade de 10 a 15 minutos.

A descarga da série de bancas em fila é normalmente efectuada através de um dreno semicircular envidraçado que tem uma queda acentuada em direção ao sifão, de onde é descarregada para o tubo de terra.

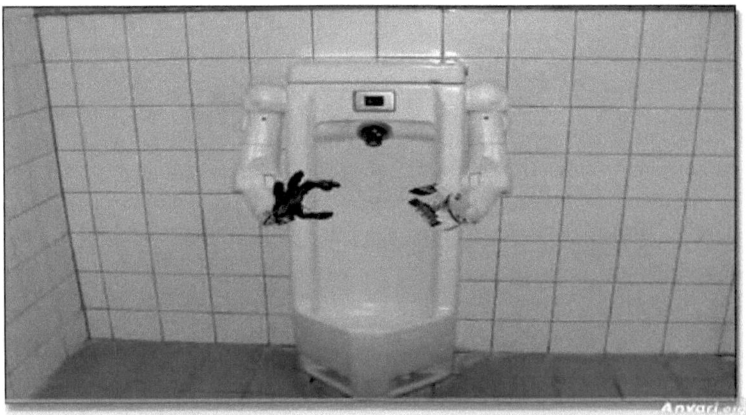

Figura 2.4 Urinol (tipo cabina)

2.3.3 PIAS: - Estão disponíveis em quase todos os materiais utilizados nos aparelhos sanitários. Os lava-loiças têm muitas funções, incluindo a lavagem da loiça, da roupa e a preparação de alimentos. Existem muitos modelos diferentes, incluindo os seguintes:

i) **Lava-loiças de Belfast**: - São fabricados em barro vidrado e são apoiados em suportes em consola ou suportes e pernas. Os lava-loiças têm um transbordo de açude integrado.

ii) **Lava-loiças London**:- São muito semelhantes aos Lava-loiças Belfast, mas não estão equipados com um transbordo de açude integrado.

iii) **Lava-loiças combinados**: - Também estes são fabricados em barro esmaltado e são do tipo "Belfast" com um transbordo de açude integrado. O lava-loiça está equipado com uma descarga de açude integrada. O lava-loiça está equipado com uma superfície de drenagem integrada.

iv) **Lavatórios de limpeza:** - São frequentemente instalados em escolas, fábricas e hospitais e podem ser instalados no interior do cubículo dos empregados de limpeza ou na sala de alojamento sanitário. Estão equipados com uma gravidade de latão ou de aço inoxidável, que serve para apoiar um balde durante a sua colocação.

v) **Lava-loiças de aço inoxidável:** Estes são muito populares e são utilizados em todos os tipos de edifícios. Para edifícios domésticos, o lava-loiça pode ter um ou dois ralos, bem como uma ou duas bacias. Podem ser obtidos grandes lava-loiças para cozinhas de cantinas, e estes podem ter três bacias, o que os torna muito úteis para a preparação de alimentos e lavagem de pratos.

Figura 2.5 Lava-loiça (tipo aço inoxidável)

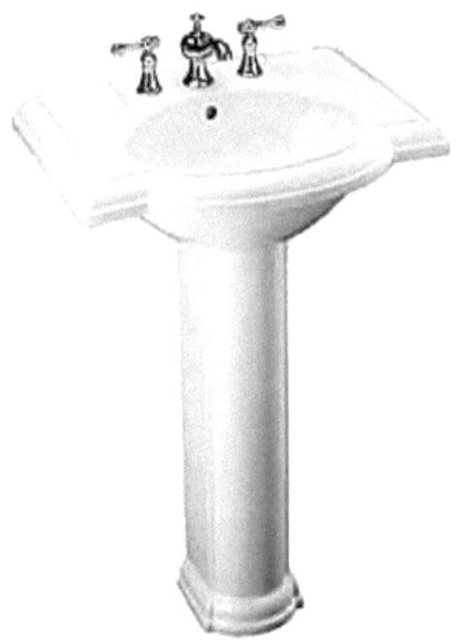

Figura 2.6 Lava-loiça (tipo Belfast)

2.3.4 BANHEIRA: - Existe uma grande variedade de formas de banheira que se adaptam às necessidades individuais. A banheira pode ser equipada com torneiras misturadoras com uma saída colocada num canto, para facilitar a entrada e a saída da banheira. A banheira está equipada com suportes adequados, sob a forma de um berço metálico com madeira.

Existem também as tradicionais banheiras de ferro fundido esmaltado com pegas e torneiras misturadoras. Se necessário, as torneiras misturadoras podem também ser fornecidas com uma ligação flexível para um pulverizador, que pode ser utilizado para um duche. As banheiras de ferro fundido são muito pesadas e requerem apoios adequados que são fornecidos pelo fabricante sob a forma de pés ajustáveis.

Figura 2.7 Banheira de hidromassagem

2.3.5 BANHEIRAS: - Utilizam apenas cerca de um terço da água derramada numa banheira, pelo que economizam no consumo de água. São muito mais rápidos de utilizar do que uma banheira e ocupam menos espaço; no entanto, muitas pessoas preferem um bom banho de imersão numa banheira.

Os dois tipos de cabeça de chuveiro disponíveis são:

i) O tipo tradicional de roseta, que descarregava a água através de um disco perfurado, e que está instalado a um nível elevado.

ii) Um tipo de pulverizador de guarda-chuva ajustável que é normalmente colocado ao nível do peito. Este tipo é por vezes preferido pelas mulheres, porque o chuveiro pode ser utilizado sem molhar a cabeça. Por vezes, o ocupante da casa pode preferir instalar uma base de duche na casa de banho (diagrama da base de duche).

Figura 2.8 Base de duche

2.3.6 BIDET:- É classificado como um acessório de resíduos e o tubo de resíduos pode, portanto, ser tratado da mesma forma que o tubo de resíduos de uma banheira, lavatório ou pia. O acessório é utilizado para lavagem perinatal, mas também pode ser utilizado como **pedilúvio**. Os fornecimentos de água quente e fria são misturados à temperatura correcta antes de passarem por um jato ascendente. Para maior conforto, a água quente também é fornecida ao lavatório ou aos acessórios. Devido à entrada de pulverização de baixo nível, é importante que a água suja do bidé seja impedida de sifonar ou fluir de volta para o abastecimento de outros acessórios.

Figura 2.9 Bidé (tipo de pavimento)

Figura 2.10 Bidé (tipo lavatório)

Figura 2.11 Bidés

2.3.7 CISTERNA DE DESCARGA: - Uma cisterna de descarga é utilizada para armazenar e descarregar água para a descarga do conteúdo de um WC ou urinol. O autoclismo é feito de ferro fundido, louça vitrificada ou placas de aço prensado ou plástico. A capacidade do autoclismo varia entre 10 e 15 litros. Quando o autoclismo é fixado a uma altura de 1,8 a 2 m do nível do chão, é designado por autoclismo de nível elevado.

Os autoclismos são de três tipos:

i) Tipos de válvula sem sifão ou tipo sino.

ii) Tipo de válvula montada ou tipo de pistão ou tipo de disco

iii) Tipo de descarga automática.

Tipo sino: este tipo de autoclismo está atualmente praticamente obsoleto, embora existam algumas reproduções que podem ser utilizadas no âmbito da renovação de instalações históricas. Os originais em ferro fundido podem ainda ser encontrados em antigas fábricas, escolas e edifícios similares. É ativado pelo puxar da corrente, que também levanta a campainha. Quando a corrente é solta, a campainha cai para deslocar a água pelo tubo de suporte, afectando um sifão que esvazia a cisterna. Todo o processo é relativamente ruidoso.

Tipo disco: fabricado numa variedade de materiais, incluindo plásticos e cerâmica, para aplicação em todas as categorias de edifícios. A pressão da alavanca faz subir o pistão e a água é deslocada sobre o sifão. É criada uma ação sifónica para esvaziar o autoclismo. Alguns autoclismos incorporam um sifão económico ou de dupla descarga. Quando a alavanca é premida e libertada rapidamente, o ar que passa pelo tubo de ventilação interrompe a ação sifónica para dar uma descarga de 4,5 litros. Quando a alavanca é mantida premida, obtém-se uma descarga de 7,5 litros. Desde 2001, a descarga única máxima permitida para um autoclismo é de 6 litros.

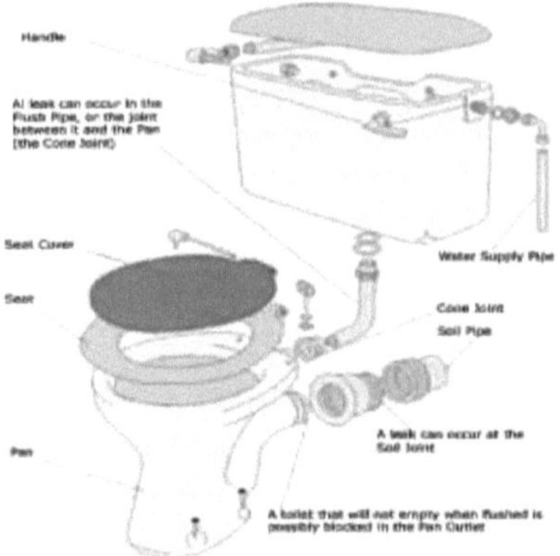

Figura 2.12 Cisterna instalada no WC

2.3.8 BACIA DE LAVAGEM: - Existem muitos modelos de bacias de lavagem disponíveis, desde a grande bacia de champô para cabeleireiro até à pequena bacia de lavagem manual para utilização em salas de aula, onde o espaço é limitado. Os lavatórios podem ser obtidos para caberem num canto da sala ou encaixados num móvel para um quarto.

Os acessórios são normalmente fabricados para torneiras de coluna quentes e frias, mas podem ser obtidos modelos com apenas um orifício para a torneira misturadora de pulverização e estes tipos não requerem um transbordo ou um tampão. A maior parte dos modelos de lavatório inclui um tabuleiro de sabão moldado na parte de trás ou em qualquer dos lados. Os lavatórios são fixos e suportados por suportes em consola com pernas ou pedestais.

O pedestal esconde a tubagem, mas torna mais difícil a limpeza por trás. Alguns lavatórios têm olhais de

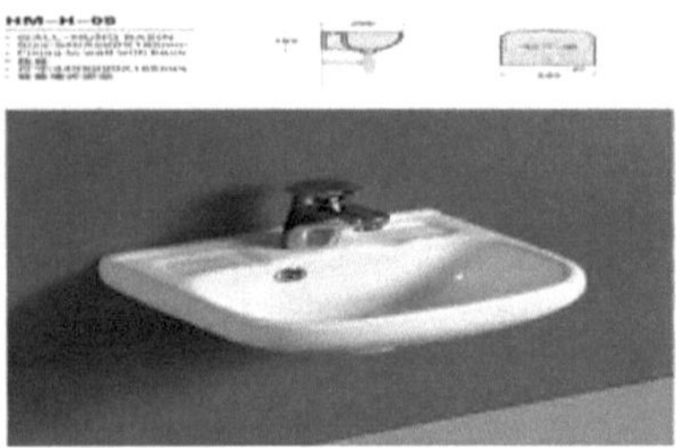

Figura 2.13 Lavatório (tipo mural)

cerâmica que podem ser incorporados em paredes de suporte de carga; estes são frequentemente designados por **CORBAL TYPE.**

Figura 2.14 Lavatório (tipo pedestal)

2.3.9 BANDEJA DE LAVAGEM: - Pode ser utilizada em escolas e fábricas como alternativa ao lavatório. Proporcionam um meio muito higiénico de lavar as mãos porque, durante a utilização, a água limpa está continuamente a correr. Além disso, ocupam menos espaço do que um número equivalente de lavatórios. A fonte pode ser utilizada por um máximo de 12 pessoas e o caudal de água quente para o pulverizador de guarda-chuva é controlado por um anel de aço. Quando o anel é pressionado com o pé, um peso de ferro na extremidade de uma alavanca é levantado, ao mesmo tempo que uma haste de aço ligada a um peso abre uma válvula de fecho automático sem choque.

A água quente e fria flui então através de uma válvula controlada por termóstato e passa através de um tubo para a cabeça de pulverização. A cabeça foi concebida para fornecer um jato de água em forma de guarda-chuva à temperatura correcta para a lavagem das mãos.

Figura 2.15 Fonte de lavagem

2.4 INSTALAÇÃO DO SISTEMA DE ÁGUA FRIA E QUENTE NO EDIFÍCIO

Antes de os edifícios poderem ser abastecidos de água a partir do coletor, é essencial notificar por escrito as autoridades locais responsáveis pela água. A abertura da rede e a colocação dos tubos de comunicação são geralmente efectuadas pela autoridade local da água a expensas do proprietário do edifício.

2.4.1 SISTEMA DE DISTRIBUIÇÃO DE ÁGUA

Existem dois tipos distintos de sistemas de distribuição de água fria que são utilizados, dependendo dos regulamentos da autoridade da água

i)   **Sistema direto ou sem armazenamento:** Neste tipo de sistema, todas as instalações sanitárias são abastecidas com água fria diretamente da rede.

ii)   **Sistema Indireto ou de Armazenamento:** No sistema indireto, toda a água potável utilizada no edifício é fornecida a partir da rede principal e a água utilizada para todos os outros fins é fornecida indiretamente a partir de uma cisterna de armazenamento de água fria.

2.4.2 VANTAGENS DO SISTEMA DE ÁGUA FRIA DIRECTO E INDIRECTO

S/N	SISTEMA DE ARMAZENAMENTO DIRECTO OU NÃO	SISTEMA INDIRECTO OU DE ARMAZENAMENTO
1	Menos tubos e uma cisterna mais pequena ou inexistente, o que torna a instalação mais fácil e mais barata.	A cisterna de armazenamento de grande capacidade fornece uma reserva de água durante a interrupção do abastecimento.
2	Existe água potável em todos os pontos de recolha.	A pressão da água nas torneiras alimentadas pela cisterna é reduzida, o que minimiza o desgaste da torneira e o ruído.
3	Cisterna mais pequena, que pode ser colocada abaixo do teto.	Os acessórios alimentados com água da cisterna são impedidos de causar poluição da água potável.
4	Nos sistemas sem cisterna, não há risco de poluir a água da fonte	Menor procura na rede de água

2.4.3 INSTALAÇÃO DE CISTERNAS/RESERVATÓRIOS

A cisterna deve ser estanque, de resistência adequada e fabricada em plástico, galvanizado, cimento-amianto ou cobre. Deve ser colocada a uma altura que permita uma altura suficiente e a descarga de água para o equipamento fornecido. Deve ser colocada numa posição em que possa ser facilmente inspeccionada e limpa. A cisterna deve estar equipada com uma tampa à prova de poeira, mas não hermética, e protegida contra danos causados pelo gelo.

Todos os autoclismos estranhos devem estar equipados com tubos de descarga eficazes, com uma queda tão grande quanto possível, não inferior a 1 em 10.

Por vezes é difícil decidir quando duplicar as cisternas. A título indicativo, a duplicação é geralmente necessária quando o armazenamento excede 4500 litros. São necessárias duas ou mais cisternas interligadas de modo a que cada cisterna possa ser limpa ou renovada sem cortar o abastecimento de água da cisterna restante. Normalmente, são previstos reservatórios de descarga separados para fornecer água ao reservatório de descarga (para W.C. e urinóis) no edifício através de tubos de descarga. A capacidade de armazenamento do reservatório de descarga é calculada com base nos assentos de W.C. instalados no edifício.

Abaixo estão indicadas as capacidades de descarga para vários tipos de edifícios:

1	Para os edifícios de habitação de interesse comum	900 Lts/W.C Assento
2	Para instalações residenciais que não sejam (1) acima	270Lts/W.C. Seat, 180Lts para cada um dos mesmos planos
3	Para fábricas e oficinas	900 Lts/W.C e 180 Lts por assento de urinol.
4	Para cinemas, salas de reunião públicas, etc.	900 Lts/W.C, 360 Lts por assento de urinol

2.5 SISTEMAS DE CANALIZAÇÃO

Existem quatro sistemas diferentes de canalização para a drenagem de uma casa ou de um edifício. Estes incluem: a) Sistema de dois tubos.

b) Sistema de um tubo.

c) Sistema de pilha única parcialmente ventilado.

d) Sistema de pilha única.

a) **Sistema de dois tubos:** Este é o sistema tradicional de remoção da descarga da instalação sanitária, em que as matérias sujas dos W.C. e dos urinóis são descarregadas num tubo (conhecido como tubo de terra ou chaminé) e as águas residuais da cozinha, da banheira, do lavatório, dos sifões do chão, etc. (para além dos W.C. e dos urinóis) são descarregadas noutro tubo (conhecido como tubo de resíduos ou chaminé). O tubo de terra está diretamente ligado ao esgoto do edifício, enquanto o tubo de resíduos está ligado ao edifício através de um sifão de calha instalado na base do tubo de resíduos. Cada chaminé está ligada a um tubo de ventilação separado.

b) **Sistema de um tubo:** Neste sistema, todos os acessórios de solo e de resíduos são descarregados num único tubo, denominado tubo de solo e de resíduos, e é fornecido um tubo de ventilação separado ao qual estão ligados todos os sifões de chão para ventilação do sistema.

Este sistema é económico no caso de edifícios de vários andares em que as casas de banho, sanitários, cozinhas, etc., estão situados perto uns dos outros em cada andar e acima uns dos outros em andares diferentes à volta de poços adequados. Neste sistema, é essencial que todos os sifões sejam do tipo vedante de água profunda (de preferência com uma profundidade de vedação de 75 mm) e que o diâmetro do tubo de ventilação não seja inferior a 50 mm.

c) **Sistema de ventilação parcial simples:** Neste sistema, todos os acessórios de solo e de resíduos descarregam numa única chaminé de solo e de resíduos e apenas os sifões dos acessórios de solo (ou seja, sanitas e urinóis) são ventilados através de um único tubo ventilado.

d) **Sistema de pilha única:** Esta é uma versão simplificada do sistema de um tubo em que o tubo de ventilação separado necessário num sistema de um tubo é disperso e todos os tubos de solo e de resíduos são descarregados num único tubo denominado tubo de solo com resíduos. Uma vez que, neste sistema, existe apenas uma única chaminé, este revela-se o mais económico.

O tubo anti-sifonagem serve para preservar a estanquidade dos sifões. Geralmente, o tubo de ventilação é utilizado para funcionar como tubo anti-sifonagem.

2.6 ELIMINAÇÃO DAS ÁGUAS RESIDUAIS

As águas residuais contêm uma grande quantidade de matéria orgânica instável que se decompõe e emite um cheiro desagradável. As águas residuais também contêm bactérias nocivas e, se forem deixadas em estado bruto, podem causar um perigo real para a vida humana. Por isso, é necessário dispersar as águas residuais por um método adequado para evitar o perigo de poluição. No entanto, as águas residuais de uma casa individual ou de um conjunto de edifícios podem ser eliminadas através de fossas sépticas.

O efluente da fossa séptica pode ser descarregado (i) numa fossa de imersão ou (ii) através de valas de dispersão. No caso de uma única casa, as águas residuais também podem ser eliminadas através de uma fossa de imersão de lamas.

TIPO DE SISTEMA DE DRENAGEM

O tipo de sistema de drenagem selecionado para um edifício será determinado pelos sistemas de esgotos estabelecidos pela autoridade local da água. Estas serão instaladas tendo em conta o tratamento das águas residuais e a possibilidade de escoar as águas superficiais através de um esgoto para um curso de água local ou diretamente para um escoadouro.

Sistema combinado: utiliza um único sumidouro para transportar as águas residuais dos aparelhos sanitários e as águas pluviais dos telhados e outras superfícies para um coletor comum. A instalação deste sistema é económica, mas os custos de tratamento na estação de tratamento de águas residuais são elevados.

Sistema separado: as águas residuais dos aparelhos sanitários são conduzidas por um coletor de águas residuais para um coletor de águas residuais. As águas pluviais dos telhados e de outras superfícies são conduzidas por um sumidouro de águas superficiais para um esgoto de águas superficiais ou para um sumidouro. A instalação deste sistema é relativamente dispendiosa, especialmente se o solo tiver fracas qualidades de drenagem e não for possível utilizar o sistema de escoamento. No entanto, a vantagem é a redução do volume e dos custos de tratamento na unidade de transformação.

Sistema parcialmente separado: a maior parte das águas pluviais é conduzida pelo coletor de águas superficiais para o coletor de águas superficiais. Por conveniência e para reduzir os custos da obra, a autoridade local da água pode permitir que uma entrada isolada de águas pluviais seja ligada ao esgoto de águas residuais. Isto é mostrado com a entrada de águas pluviais ligada à câmara de inspeção de águas residuais. Estas são frequentemente utilizadas na cabeça de um dreno, como alternativa a uma câmara de inspeção mais dispendiosa.

Uma sarjeta de entrada posterior pode ser utilizada para ligar um tubo de descida de águas pluviais ou um tubo de resíduos a um dreno. A curva ou sifão constitui um reservatório útil para reter as folhas. Quando utilizada com um sumidouro de águas residuais, a vedação impede a contaminação do ar. Uma sarjeta de quintal serve unicamente para recolher as águas superficiais e ligá-las a um sumidouro. É semelhante a uma sarjeta de estrada, mas mais pequena. Uma sapata de águas pluviais serve apenas para ligar um tubo de águas pluviais a um sumidouro de águas superficiais. O tubo de solo e ventilação ou chaminé de descarga é ligado ao dreno de águas residuais com uma curva de descanso na sua base. Esta pode ser feita de propósito ou produzida com duas curvas de 135^0.

2.6.1 FOSSA SÉPTICA.

Nas zonas onde não existe uma rede municipal de esgotos subterrâneos, as águas residuais de apartamentos residenciais, pequenas colónias residenciais e edifícios isolados, como escritórios, escolas, hospitais, hotéis, fábricas, são tratadas numa fossa séptica

Uma fossa séptica é um tanque combinado de sedimentação e digestão no qual o fluxo de águas residuais brutas é abrandado para que os sólidos se depositem no fundo do tanque por sedimentação. Simultaneamente, as águas residuais na fossa são submetidas à ação de bactérias anaeróbias que, durante o processo de digestão, convertem as águas residuais em líquido e gasoso, verificando-se uma redução apreciável do volume de lamas. As lamas do efluente caem assim no chão do tanque e a escuma (matéria mais leve, isto é, gordura, etc.) flutua no topo. Uma vez que a ação anaeróbia não pode ter lugar na presença de oxigénio, é necessário que a fossa séptica seja coberta com uma cobertura estanque à água (laje de cobertura).

Os efluentes que saem da fossa contêm ainda uma quantidade considerável de sólidos orgânicos dissolvidos e suspensos e outras matérias nocivas e, como tal, devem ser corretamente eliminados numa fossa de imersão ou em valas de dispersão para absorção no solo. Uma fossa séptica pode ser construída em alvenaria de tijolo, alvenaria de pedra ou betão. A fossa é concebida para permitir um período de detenção de 24 a 48 horas, com base num caudal médio diário de águas residuais previsto. Deve ser estanque e, como tal, todas as superfícies interiores das suas paredes, chão e laje de cobertura são rebocadas com argamassa de cimento. O chão do tanque deve ser em betão de cimento e inclinado para a saída das lamas. No teto da cisterna está previsto um tubo de ventilação para a descarga de gases nocivos. Na laje do telhado estão previstas caixas de visita de dimensão adequada para inspeção e limpeza.

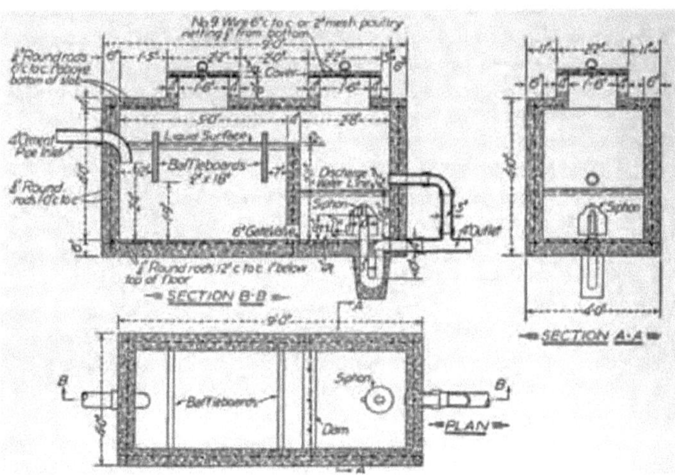

Figura 2.16 Diagrama esquemático de uma fossa séptica

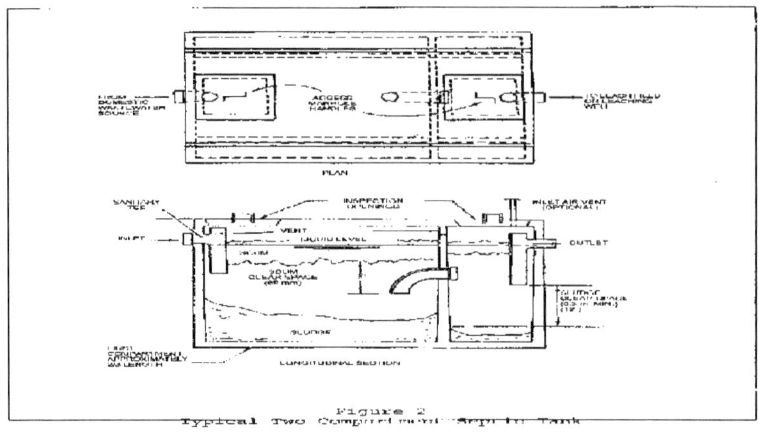

Figura 2.17 Fossa séptica típica de dois compartimentos

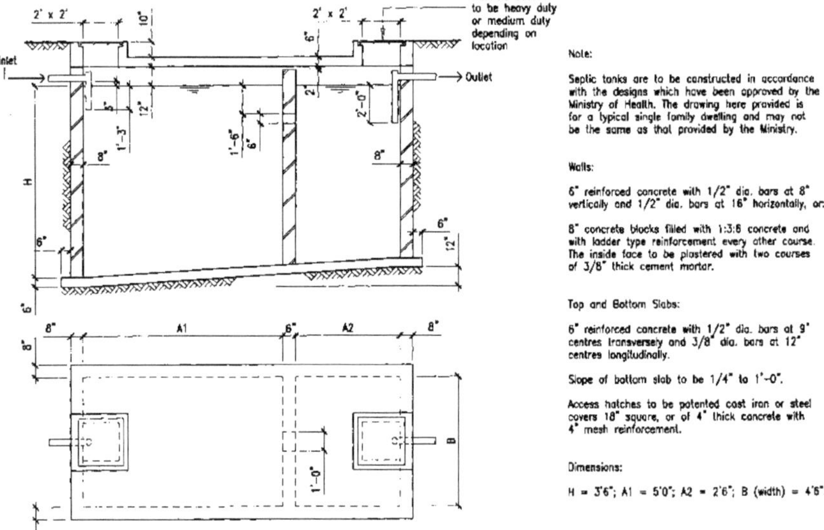

Figure 2.18 Diagrama esquemático de uma fossa séptica

2.6. 2FOSSA DE IMERSÃO

A fossa de imersão é uma fossa simples de qualquer forma adequada (quadrada ou circular) escavada no solo para a eliminação de efluentes de uma fossa séptica. Uma fossa de imersão pode funcionar eficazmente quando o nível do lençol freático é suficiente abaixo do nível do solo e o solo é de tipo poroso. A fossa pode ser revestida ou não com tijolo, pedra, betão, alvenaria de blocos com juntas mortais.

O topo é elevado acima do solo adjacente para o proteger de danos causados pela chuva. A fossa revestida não necessita de meios de enchimento e a percolação dos efluentes no solo ocorre em parte através do esgoto durante as juntas secas do revestimento e em parte por absorção direta. A fossa com revestimento é coberta com uma laje de betão pré-fabricada amovível. As fossas de infiltração sem revestimento são normalmente preenchidas com entulho ou tijolos.

Soakaway Pits

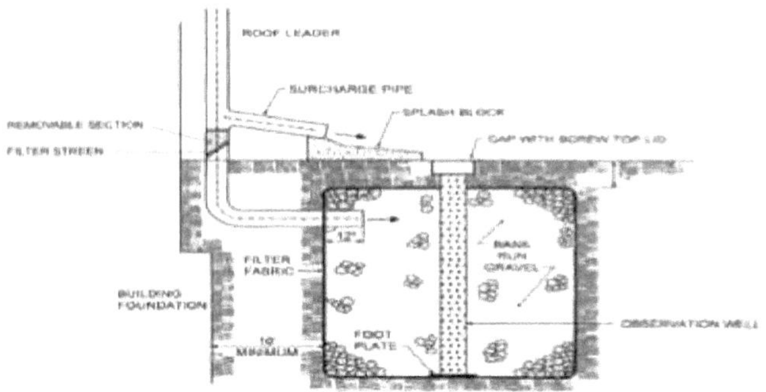

Figure 4: Soakaway Pit Profile
Source: Adapted from Maryland Department of the Environment. 1998.

Figure 2.19 Diagrama esquemático do fosso Sock away

2.6. 3FOSSA DE   IMERSÃO DE LAMAS

Uma fossa de imersão de lamas é um método alternativo de eliminação de esgotos a partir de um esgoto doméstico individual. A fossa de imersão de lamas pode funcionar eficazmente em situações em que o lençol freático é baixo e o subsolo é de tipo poroso. O diâmetro da fossa varia de 2m a 3m e a sua profundidade pode variar de 3 a 4m. As paredes do fosso são revestidas com alvenaria de tijolo ou pedra com juntas abertas. As juntas abertas no revestimento permitem que a parte líquida do efluente seja absorvida no solo pelos esgotos, enquanto as lamas são digeridas por bactérias anaeróbias e depositadas.

Uma fossa pode servir durante muitos anos. Quando a fossa fica cheia, esvazia-se retirando a laje superior e volta-se a utilizá-la depois de se tapar a parte superior. O conteúdo da fossa esvaziada pode ser utilizado como fertilizante.

2.7 ARMADILHAS

Um sifão é um acessório instalado num sistema de drenagem para impedir a entrada de ar ou gases nocivos provenientes do esgoto ou da drenagem no edifício. A barreira à passagem do ar viciado é proporcionada pela vedação da água no sifão. Na sua forma mais simples, um sifão é apenas uma curva dupla ou um laço no encaixe sanitário, sendo a profundidade da vedação da água a distância entre o topo da primeira curva e o fundo da segunda. Quanto mais profunda for a vedação, mais a profundidade da vedação da água varia de 40 mm a 75 mm.

2.7.1 TIPO DE ARMADILHAS

As armadilhas podem ser fabricadas em diferentes formas e são normalmente designadas pela forma da letra a que se assemelham. De entre as diferentes formas, as armadilhas que se assemelham à letra P ou (P-Trap), Q (Q-Trap) e S (S-Trap) são as mais comuns. As armadilhas são normalmente fabricadas em ferro fundido ou em pedra vidrada, consoante a sua utilização e localização.

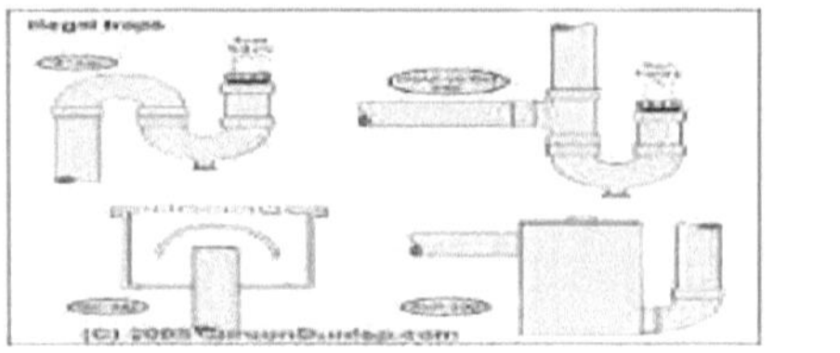

Figura 2.20 Diagrama de diferentes tipos de armadilhas

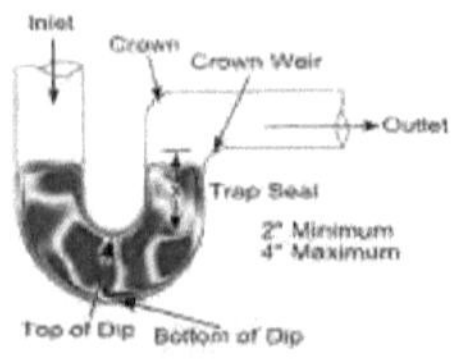

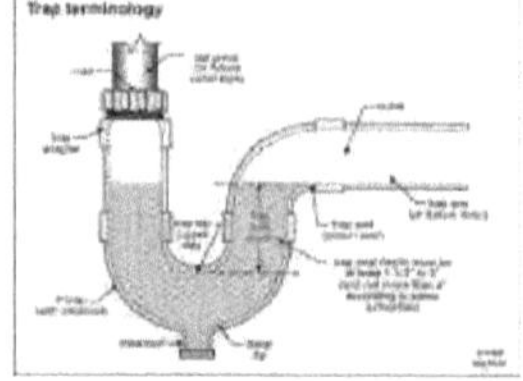

Figura 2.21 Diagrama do sifão em U

Os vários tipos de armadilhas podem ser resumidos da seguinte forma

i) Armadilha de chão.

ii) Armadilha de barranco.

iii) Armadilha de interceção.

iv) Coletor de gorduras.

v) Armadilha de sedimentos.

i) **Sifão de chão: Os sifões** instalados no chão para recolher a água do chão da casa de banho, da cozinha ou do chão de lavagem, etc., são conhecidos como sifões de chão.

ii) **Sifão:** O sifão é um sifão de vedação profunda que é instalado na face exterior do poço para desligar o pavimento de água lavada da cozinha, da banheira, do lavatório e dos pavimentos do sistema de drenagem principal. O selo de água profundo forma uma barreira para impedir a passagem de ar sujo do esgoto da casa para o interior do edifício.

iii) **Sifão de interceção:** É instalado na junção do esgoto doméstico (câmara de inspeção) com o esgoto da rua. Assim, permite separar o esgoto doméstico do esgoto da rua.

iv) **Coletor de gorduras:** É instalado em grandes hotéis, restaurantes ou outras indústrias que produzem resíduos gordurosos de grande qualidade, com o objetivo principal de remover o teor de gorduras das águas residuais antes de as descarregar no esgoto. Se a matéria gordurosa não for removida, por ser de natureza pegajosa, induzirá a deposição de sólidos no esgoto, o que pode causar obstrução ao fluxo de água no esgoto. A matéria gordurosa aparece como flutuante, que é removida periodicamente com a ajuda de um fio de aço macio

v) **Coletor de sedimentos:** Estes **colectores** são instalados apenas em situações em que os resíduos contêm grandes quantidades de sedimentos, areia, partículas grosseiras, etc. Trata-se de uma câmara de alvenaria que funciona como uma câmara de areia onde o lodo, a areia, etc., se depositam antes de as águas residuais serem descarregadas no sistema de drenagem.

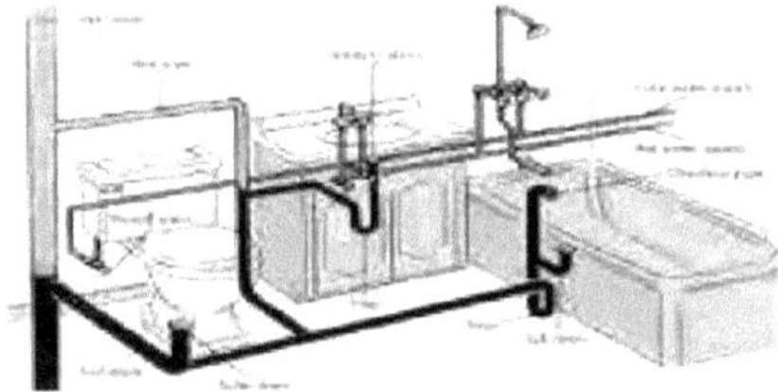

Figura 2.22 Diagrama das diferentes ligações de diferentes armadilhas

2.8 ARMAZENAMENTO DE ÁGUA

O armazenamento de água é muitas vezes necessário como parte da rede de distribuição principal das obras de água, para facilitar o sistema de abastecimento de água por gravidade às cidades e comunidades. O armazenamento é muitas vezes necessário em habitações privadas

Os objectivos são praticamente os mesmos e são

a)   Abastecimento de água em caso de falha do abastecimento principal.

b)   Reduzir a solicitação máxima do abastecimento de água e limitar a pressão da água sobre as instalações sanitárias.

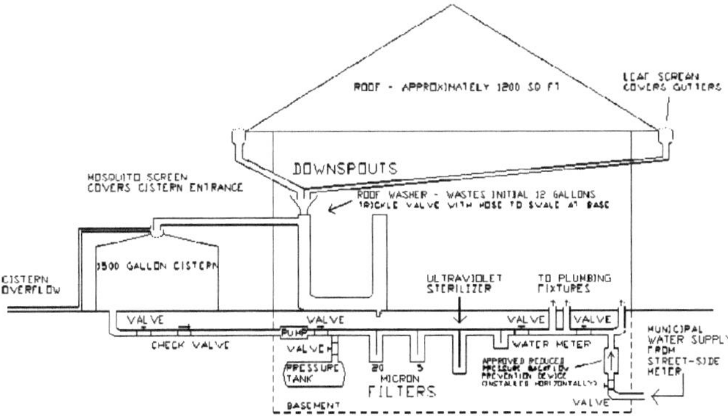

Figura 2.23 Sistema de reservatório de água

A capacidade da cisterna ou do tanque de armazenamento depende do período de tempo previsto para as interrupções do abastecimento da rede, podendo ser necessário um armazenamento para um dia ou mais. Depende também da população residente ou dos utilizadores. Nos edifícios privados, a provisão de armazenamento pode ser baseada nas instalações sanitárias.

Os reservatórios de armazenamento e distribuição podem ser de dois tipos:

i) Reservatório de superfície

ii) Reservatório elevado

i) **RESERVATÓRIOS DE SUPERFÍCIE:** são feitos principalmente de alvenaria ou betão. É prática comum revestir os reservatórios de superfície com betão ou membrana asfáltica para evitar fugas de água. Os reservatórios podem ser construídos debaixo do solo, especialmente quando são de grandes dimensões, e podem ser construídos no topo do parque. É prática corrente construir os reservatórios de superfície em compartimentos, de modo a que uma unidade possa ser limpa ou reparada enquanto a outra está em funcionamento. No entanto, na maioria dos casos, são utilizadas bombas para bombear a água do reservatório de superfície de armazenamento de água limpa para o reservatório de distribuição elevado.

ii) **Reservatório elevado:** São vulgarmente conhecidos como reservatórios aéreos. Podem ser construídos em alvenaria de pedra, betão armado ou aço. Os reservatórios são muito curtos e corroem-se rapidamente, exigindo uma manutenção constante e uma substituição frequente.

Os reservatórios aéreos de alvenaria requerem uma torre de suporte muito pesada. Todos os reservatórios aéreos estão invariavelmente equipados com uma tampa superior, uma escada e câmaras de visita para fins de inspeção e limpeza.

2.8.1 LOCALIZAÇÃO DO RESERVATÓRIO DE DISTRIBUIÇÃO

Devem ser localizados centralmente ou, pelo menos, o mais próximo possível da zona que servem, também em terreno elevado ou a uma altitude suficiente para manter uma pressão adequada. A localização central do reservatório reduzirá as perdas por fricção nas tubagens de distribuição, reduzindo o comprimento das tubagens.

2.8.2 SISTEMA DE ABASTECIMENTO DE ÁGUA

A água pode ser fornecida aos consumidores através dos dois sistemas seguintes:

i)   Sistema contínuo.

ii)   Sistema intermitente.

i) **Sistema contínuo:** A água está disponível 24 horas por dia. Este é o melhor sistema, uma vez que a água está disponível sempre que necessário, mas isto leva a um desperdício de água. Se houver algumas pequenas fugas no sistema, é desperdiçado um grande volume de água devido ao longo desvio do caudal.

ii) **Sistema intermitente:** A água é fornecida aos consumidores apenas durante algumas horas fixas do dia, dependendo do horário.

O sistema intermitente tem o seguinte inconveniente:

i) **Exigência de incêndio:** Se o incêndio deflagrar numa zona de abastecimento durante o período de não abastecimento, a operação de salvamento não pode ser efectuada eficazmente. A água não pode ser trazida de outra zona e os danos causados pelo incêndio serão maiores.

ii) **Armazenamento doméstico:** O sistema intermitente requer o fornecimento de um pequeno tanque de armazenamento em casas individuais para que o equipamento sanitário nas casas possa funcionar eficazmente durante o período de não fornecimento.

iii) **Poluição no abastecimento:** Durante o período de não abastecimento, a pressão na linha de abastecimento pode descer abaixo da pressão atmosférica. Isto pode acontecer devido a fugas nas juntas. Quando a tubagem é colocada perto de esgotos, etc., isto pode levar a graves problemas de poluição e contaminação.

iv) **Tamanho da tubagem:** Será necessária uma tubagem de maior dimensão, uma vez que o abastecimento de todo o dia tem de ser feito num período mais curto.

v) **Desperdício da torneira de água:** Durante o período de não abastecimento, as torneiras de água podem ser deixadas abertas sem conhecimento ou por negligência. Este facto leva a um grande desperdício de água durante o período de abastecimento

vi) **Necessidade de pessoal: Uma** vez que estão instaladas várias válvulas de diferentes tipos nas linhas de abastecimento, muitas das quais podem não ser automáticas, será necessário pessoal adicional para operar e manter essas válvulas.

Embora as condutas de água dos serviços públicos possam servir a maioria dos edifícios. Por vezes, é necessário efetuar um arranjo privado de água. É importante notar que, nos casos em que é necessário um abastecimento de água a partir de uma fonte privada, é geralmente necessário tomar medidas privadas para eliminar as águas residuais e ter o cuidado de evitar a poluição da fonte de água.

Para o consumo humano, é preferível que a água venha diretamente do solo do que de um riacho ou de um lago, que estão expostos a uma possível poluição. Um poço escavado de grande diâmetro para admitir um homem e a sua pá ou um furo de pequena dimensão feito por meios mecânicos e apenas suficientemente grande para admitir a bomba ou o tubo de sucção necessários são métodos possíveis.

Para a maior parte das necessidades modernas, os furos são os mais práticos e convenientes, mas os poços escavados são úteis em situações em que os estratos portadores de água não produzem água livremente e em que a maior área periférica do poço é, por conseguinte, uma vantagem.

2.9 MÉTODO ANALÍTICO DE CÁLCULO DA CAPACIDADE DE RESERVATÓRIOS

Quando a procura é variável, é preferível efetuar os cálculos para o armazenamento em forma de tabela. Neste método, as variações são dados de precipitação e evaporação que podem ser facilmente contabilizados.

Assumindo que a albufeira está cheia no início do período seco, a quantidade máxima de água S que deve ser retirada do armazenamento para manter um determinado calado médio de procura, D, é igual à diferença máxima acumulada entre o calado (de procura) D e o caudal ajustado abaixo, I, num determinado período seco.

S = valor máximo de $\sum$ (D-I)

2.10 TRATAMENTO DA ÁGUA

O objetivo do tratamento e da purificação da água é recolher água de uma fonte disponível e submetê-la a um tratamento que garanta uma água de boa qualidade física, sem sabor ou odor desagradável e que não contenha nada que possa ser prejudicial para a saúde. Não é possível encontrar água absolutamente pura na natureza. A água quimicamente pura é aquela que contém duas partes de hidrogénio e uma parte de oxigénio.

Os seguintes elementos são importantes para a água de uso doméstico:

i)   Deve ser incolor e brilhante

ii)   Deve ser de bom gosto, sem odores.

iii)   Abundante e barato.

iv)   Isento de bactérias ou organismos produtores de doenças.

v)   Isento de gases dissolvidos desagradáveis, como o hidrogénio sulfurado, com quantidade suficiente de oxigénio dissolvido.

vi)   Sem minerais censuráveis como o ferro, o manganês, o chumbo, o arsénico e outros metais venenosos.

vii)   Sem sais nocivos.

viii)   Isento de substâncias radioactivas como o rádio, o estrôncio, etc.

ix)   Isento de compostos fenólicos, cloretos, fluoretos e iodo.

x)   Não deve ser corrosivo.

2.11 IMPUREZAS COMUNS NA ÁGUA E SEUS EFEITOS

Existem impurezas comuns que se encontram na água. Estas incluem:

i)   Impurezas em suspensão.

ii)   Impurezas dissolvidas.

iii)   Impurezas coloidais.

Impurezas em suspensão: são aquelas que normalmente permanecem em suspensão. São microscópicas e tornam a água turva.

Impurezas dissolvidas: não são visíveis mas são grandes, uma vez que a água é um bom solvente, causam mau gosto, dureza e alcalinidade. Por vezes são prejudiciais.

Impurezas coloidais: são descarregadas eletricamente, pelo que as partículas coloidais, normalmente de tamanho muito pequeno, permanecem em constante movimento e não assentam.

Os vários tipos de impurezas presentes na água podem ser determinados através da análise da água. A análise é efectuada tanto para a água bruta como para a água tratada ou purificada.

2.12 EXAME DA ÁGUA

O exame da água é utilizado para classificar o tratamento sob pressão, controlar o processo de tratamento e de depuração e manter o abastecimento público com um nível adequado de qualidade orgânica, clareza e palatabilidade.

O exame da água pode ser dividido em três classes:

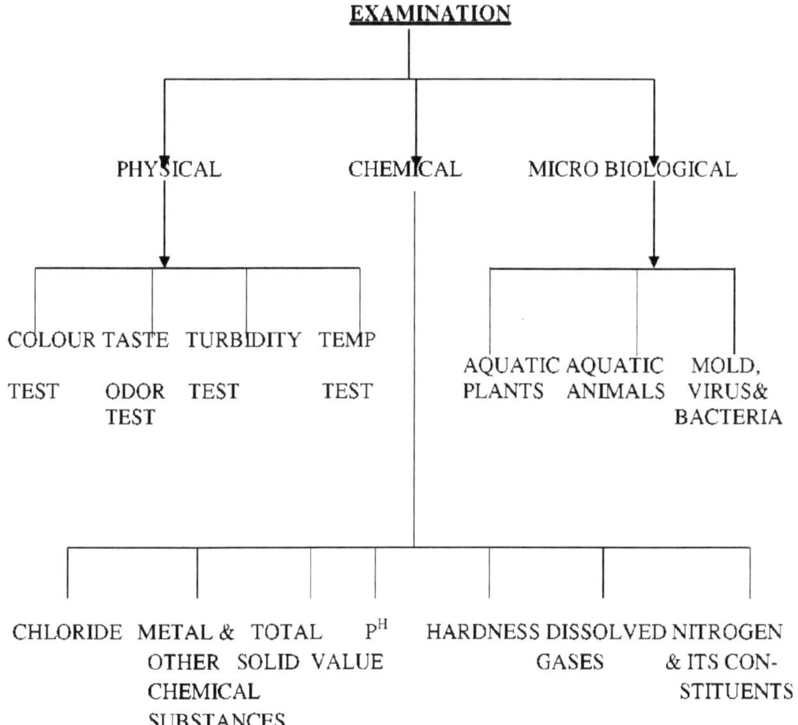

2.13 PROCESSO DE TRATAMENTO DE ÁGUA

A água bruta contém impurezas suspensas, coloidais e dissolvidas. O objetivo do tratamento da água consiste em remover todas as impurezas que são censuráveis, quer do ponto de vista da mesa e do odor, quer do ponto de vista da saúde pública:

i)   Para eliminar o sabor e o odor desagradáveis.

ii)   Remover os microrganismos produtores de doenças para que a água seja segura para beber.

iii) Para remover a cor, o gás dissolvido e a turvação da água.

iv)   Para remover a dureza da água

v)   Para o tornar adequado a uma grande variedade de fins industriais, como a produção de vapor, a produção de cerveja e a tinturaria.

Para as águas de superfície, os processos de tratamento geralmente adoptados são os seguintes

vi)   **Peneiramento:** É adoptada para remover todas as matérias flutuantes das águas superficiais. É geralmente efectuada no ponto de entrada.

vii)   **Aeração:** É adoptada para remover odores e sabores desagradáveis e também para remover os gases dissolvidos, como o dióxido de carbono, o sulfureto de hidrogénio, etc. O ferro e o manganês presentes na água também são oxidados até certo ponto.

viii)   **Sedimentação com ou sem coagulantes:** O objetivo da sedimentação é remover as impurezas em suspensão com a ajuda da sedimentação simples, podendo ser removidos o lodo, o sal, etc. No entanto, com a ajuda da sedimentação com coagulados, podem ser removidas partículas suspensas muito finas e algumas bactérias.

ix)   **Filtração:** O processo de filtração constitui a fase mais importante da purificação da água. A filtração elimina as impurezas muito finas em suspensão e as impurezas coloidais que possam ter escapado aos tanques de sedimentação. Para além disso, os microorganismos presentes na água são largamente removidos.

x)   **Desinfeção:** É efectuada para eliminar ou reduzir a um limite mínimo os microrganismos remanescentes e para evitar a contaminação da água durante a sua transição da estação de tratamento para o local de consumo.

xi)   **Processos diversos:** Estes incluem o amaciamento da água, a dessalinização, a remoção de ferro (Fe), manganês e outros constituintes nocivos.

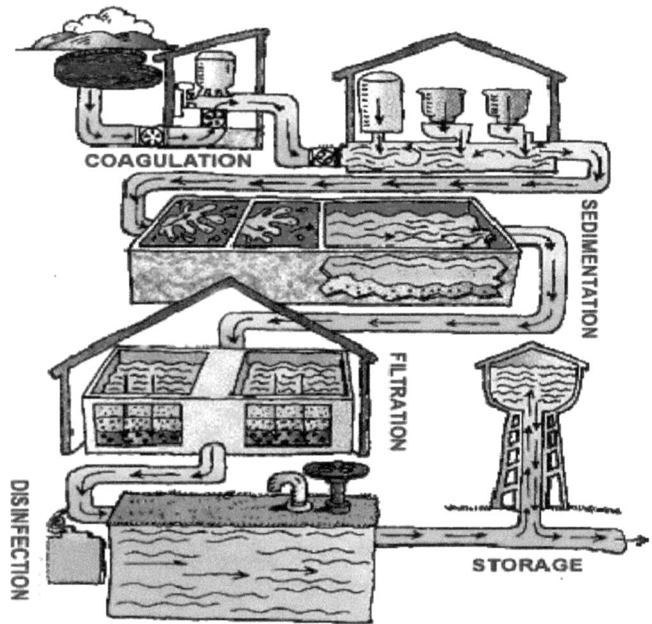

Figura 2.24 Estação de tratamento de água

2.14 RAZÃO PELA QUAL A DUREZA DA ÁGUA É DESAGRADÁVEL

a.   Requer uma quantidade excessiva de sabão para a lavagem. Os relatórios dos estudos de tratamento de águas da Nordells mostram que a dureza da água se 120PPM causa o desperdício de $10^{1/2}$ (10,5) libras de sabão por 100 galões de água (converter para o sistema métrico)

b.   O sabão reage com o sal de cálcio e magnésio, formando um precipitado insolúvel que se aloja no tecido da roupa, tornando-a cinzenta, áspera, difícil de limpar e menos durável

c.   Quando a água dura se evapora da loiça, dos vidros, das carroçarias dos automóveis, dos recipientes de leite de fruta e de outros objectos lavados e enxaguados, fica uma película turva ou manchas de aspeto poeirento nas superfícies. No caso dos recipientes de leite, este resíduo pode albergar bactérias e causar uma elevada contagem de bactérias no leite.

d.   Alguns alimentos cozinhados em água dura, especialmente feijões e ervilhas, tornam-se duros e borrachudos. O bicarbonato de sódio adicionado à água de cozedura tende a contrariar esta situação.

e.   Quando a água é aquecida, a dureza do cálcio precipita-se rapidamente e forma incrustações no recipiente em que é aquecida. Assim, os aquecedores de água, os canos de água quente, as chaleiras e os tachos e panelas podem ficar rapidamente cobertos de incrustações. Calcula-se que a acumulação de incrustações em aquecedores de água, fornos, etc., pode aumentar o custo do combustível em um terço. Além disso, a água utilizada nos sistemas de arrefecimento dos motores formará incrustações no interior das camisas de arrefecimento e dos radiadores, reduzindo a eficácia do sistema de arrefecimento.

EXERCÍCIO DE TRABALHO 2.1

1) Um reservatório de distribuição deve ser construído para o abastecimento de água a um edifício. A água é bombeada do poço para os tanques de distribuição a uma taxa uniforme de 1,5 cm^3 . As necessidades horárias estimadas para o dia máximo estão tabeladas abaixo.

Estimar a capacidade do reservatório de distribuição

Tempo (hr)	01	02	03	04	05	06	07	08	09	10	11	12
Procura (X1000)	1.5	1.1	1.3	1.2	1.6	1.1	1.7	1.5	1.6	1.6	1.5	1.4

<u>**SOLUÇÃO**</u>

A taxa média de bombagem é determinada pela procura total em 12 horas.

Daí a taxa média de bombagem. I

$$= \frac{17.1 \text{ X } 1000}{12} = 1.425 \text{ X } 1000 \text{ Lts/hr.}$$

S = D -I, ou seja, capacidade S = procura - caudal médio de bombagem

HORA (HR)	PROCURA (D) X 1000	REQUISITO PARA ARMAZENAMENTO
01	1.5	0.075
02	1.1	0.00
03	1.3	0.00
04	1.2	0.00
05	1.6	0.175
06	1.1	0.00
07	1.7	0.275
08	1.5	0.075
09	1.6	0.175
10	1.6	0.175
11	1.5	0.075
12	1.4	0.00

| | 17.1 | 1.025 X 1000 |

Note-se que -ve não é necessário, mas sim zero para facilitar a compilação.

As necessidades horárias, bem como a água retirada do reservatório, a capacidade será igual à soma das necessidades horárias do armazenamento.

O resultado é de **1 025,0 litros**

A capacidade do reservatório será aproximadamente igual a **1000 litros**

Capítulo 3

VENTILAÇÃO

A ventilação deriva da palavra latina Ventus. Define-se como um sistema que proporciona um fornecimento regulado de ar limpo que é levado a entrar num espaço fechado e a sair dele, de modo a melhorar as condições de habitação humana. Por outras palavras, o ar deve ser posto em movimento ou deve ser criado vento. A velocidade, a temperatura, o teor de humidade e a qualidade (ou seja, a limpeza) do ar devem estar a níveis de conforto para os ocupantes.

As razões para ventilar um espaço são:

1.   O oxigénio é necessário para o processo de vida humano

2.   O ar actua como um diluente: a quantidade de ar reparado depende do nível de contaminante permitido para a sala. O confinamento pode ser o $CO2$ da reserva, os odores segregados pela pele humana, o fumo do cigarro ou as emissões de qualquer outro processo

3.   A ventilação promove e orienta o movimento no espaço, sendo este um dos factores de conforto ambiental.

4.   Controlar a contaminação do ar, ou seja, a ventilação industrial.

Além disso, a circulação de ar através de um espaço pode remover calor ou humidade ou fornecer ar para a combustão. O ar fresco pode entrar num edifício por infiltração, ou seja, por fuga de ar através de imperfeições da estrutura, como fendas em portas, janelas ou painéis de enchimento. O sistema de ventilação natural ou mecânico fornece ar, geralmente uma proporção adequada de ar fresco e recirculado através de aberturas concebidas. Este sistema permite controlar a distribuição do ar.

As salas de trabalho ocupáveis (não fumadores) exigirão uma taxa de fornecimento de ar de ventilação de todo o edifício de, pelo menos, 10 l/s por pessoa. Para satisfazer este objetivo, pode ser utilizada a ventilação de fundo ou por gotejamento. A título indicativo, 4000 mm^2 de área de ventilação por cada 10 m^2 de área de pavimento, com 400 mm^2 adicionais a partir daí por cada 1 m^2 de pavimento. É também necessária uma ventilação rápida ou de purga adicional para cada unidade de alojamento de escritórios. Este requisito pode ser satisfeito com uma área de janela que possa ser aberta, pelo menos equivalente a uma percentagem da área do piso, conforme definido na norma BS 5925, ou com uma extração mecânica de ar diretamente para o exterior, com uma capacidade de, pelo menos, 10 l/s por pessoa.

Por exemplo, um escritório com uma ocupação de 6 pessoas, uma área de chão de 30 m^2 e uma altura de sala de 3 m (90 m^3 volume):

Ventilação de fundo mínima = 10 l/s por pessoa

Purga/ventilação rápida mínima = 10 l/s por pessoa

Total = 20 l/s por pessoa

(20 x 3600) / 1000 = 72 m^3 /h.

8(72 - 90) x 6 = 4,8 renovações de ar por hora (min)

Alguns escritórios dispõem de salas dedicadas exclusivamente a zonas para fumadores. Cozinha (para preparação de alimentos e bebidas), casas de banho, instalações sanitárias, salas de fotocópias e de processamento de impressões: ventilação local por extração contínua ou intermitente, como se segue:

Função do quarto	**Extrato local**
Impressão e fotocópia por mais de 30 minutos em cada hora	20 l/s por máquina durante a utilização Se o quarto estiver permanentemente ocupado, utilizar o valor mais elevado da taxa de ventilação de extração e de todo o edifício.
Instalações sanitárias e casas de banho	Extração de ar intermitente de: 15 l/s por banheira e duche. 6 l/s por WC e urinol.
Áreas de preparação de alimentos e bebidas (não comercial	Extração de ar intermitente de: 15 l/s apenas para micro-ondas e bebidas. 30 l/s adjacente à placa de fogão com fogão(ões). cozinhas, 60 l/s noutro local com fogão(ões). Extração para ativar automaticamente quando o equipamento de preparação de alimentos e bebidas funciona.

A ventilação passiva por chaminé é uma alternativa aceitável à utilização de extração local por meios mecânicos para as instalações sanitárias e casas de banho, bem como para as zonas de preparação de alimentos e bebidas.

3.2 OBJECTIVO DA VENTILAÇÃO

O objetivo da ventilação é, fundamentalmente, fornecer o ar puro necessário à existência humana com um fornecimento constante de oxigénio. O fornecimento deste ar implica a remoção de um volume correspondente de ar expirado ou viciado com os cheiros de gases nocivos que estão associados a concentrações de pessoas. Isto significa que a ventilação é a criação de uma taxa correcta de mudança de ar no espaço fechado.

3.3 REQUISITOS DE VENTILAÇÃO NOS EDIFÍCIOS

Os principais factores que determinam as taxas de ventilação em vários tipos de edifícios de diferentes tipos são

(i) Movimento do ar

As velocidades desejáveis variam consoante a temperatura. Em edifícios domésticos e noutras situações semelhantes, considera-se razoável uma velocidade de 0,10 - 0,33 m/s.

(ii) Odor corporal (incluindo o fumo)

A taxa de ventilação deve ser de molde a manter o odor corporal a um nível impercetível, como nas salas de cinema, etc.

(iii)   Finas, Pequenas, Produtos de Combustão

Quando estes estão envolvidos, devem ser removidos na fonte por extração, uma vez que não se deve permitir a sua propagação a todo o recinto.

Devem ser colocadas campânulas ou extractores para os captar na fonte.

Isto implica velocidades elevadas que resultam em taxas de ventilação elevadas, como nas casas de banho, cozinhas, etc.

(iv)   Bactérias

Nos hospitais ou noutros locais onde a concentração de bactérias pode ser crítica, são necessárias elevadas taxas de renovação do ar e evitar a recirculação.

(v)   Excesso de calor

Podem ser utilizadas taxas de ventilação elevadas para remover o excesso de calor, como em cozinhas, salas de caldeiras, etc.

(vi)   Humidade relativa

Uma das melhores formas de reduzir os níveis elevados de humidade relativa é aumentar as taxas de ventilação.

3.4 TAXAS MÍNIMAS RECOMENDADAS DE VENTILAÇÃO POR HORA

S/N	TIPO DE RECINTO OU EDIFÍCIO	TAXA DE RENOVAÇÃO DO AR	VOLUME m^3
1.	Salas de reunião	3-6	$28m^3$
2.	Restaurantes	10-15	28
3.	Fábrica ou oficina	6-8	22.6
4.	Lavabos e WC's	6-12	2
5.	Hospitais, blocos operatórios, salas de raios X	10-20	-
6.	Enfermarias em hospitais	3	-
7.	Locais de entretenimento		28
8.	Escolas (salas de aula, laboratórios, salas práticas, etc.)	3-4	12-42
9.	Vestiários	3	
10.	Corredores, Halls de entrada, Anterooms	3-4	

11.	Quartos de dormir	1	
12.	Bibliotecas	2-4	
13.	Salas de estar, Lojas	1-2	
14.	Quartos para fumadores	10-15	
15.	Salas de Ebulição, Salas de Máquinas	10-15	

3.5 MÉTODOS DE VENTILAÇÃO

Ventilação natural: A ventilação natural é um meio económico de proporcionar mudanças de ar num edifício. Utiliza componentes integrados na construção, como tijolos de ar e persianas, ou janelas que podem ser abertas. As fontes de ventilação natural são o efeito/pressão do vento e o efeito/pressão de empilhamento. O efeito de pilha é uma aplicação de correntes de ar convectivas. O ar frio é encorajado a entrar num edifício a um nível baixo. Aqui é aquecido pela ocupação, iluminação, maquinaria e/ou emissores de calor propositadamente localizados. Uma coluna de ar quente sobe no interior do edifício para ser descarregada através de aberturas a um nível elevado, como se mostra na página seguinte. Isto pode ser muito eficaz em edifícios altos do tipo escritórios e centros comerciais, mas tem um efeito limitado durante os meses de verão devido às temperaturas exteriores quentes. É necessário um diferencial de temperatura de pelo menos 10K para efetuar o movimento do ar, pelo que deve ser considerado um sistema suplementar de movimento mecânico do ar para utilização durante as estações mais quentes.

As taxas de renovação de ar são determinadas pelo objetivo e ocupação do edifício e pela interpretação local da legislação em matéria de saúde pública. Os edifícios públicos requerem normalmente uma taxa de ventilação de 30 m³ por pessoa e por hora. O vento que atravessa as paredes de um edifício cria um ligeiro vácuo. Com a existência de aberturas controladas, este vácuo pode ser utilizado para extrair ar de uma divisão e efetuar mudanças de ar. Em edifícios altos, durante os meses de inverno, o ar exterior frio e mais denso tende a deslocar o ar interior mais quente e mais leve através das janelas ou persianas dos pisos superiores. Este fenómeno é conhecido como efeito de pilha. Este efeito deve ser regulado, caso contrário pode produzir correntes de ar a níveis baixos e calor excessivo nos pisos superiores.

A ventilação e o aquecimento de uma sala de reuniões ou de um edifício semelhante podem ser conseguidos através da admissão de ar exterior frio por convectores de baixo nível. O ar aquecido sobe para condutas de extração de nível elevado. A entrada de ar frio é regulada através de registos integrados nos convectores.

Neste método, o movimento do ar é induzido pelo efeito da diferença de temperatura que faz com que o ar quente suba para a extração ou saída e o ar frio entre na entrada.

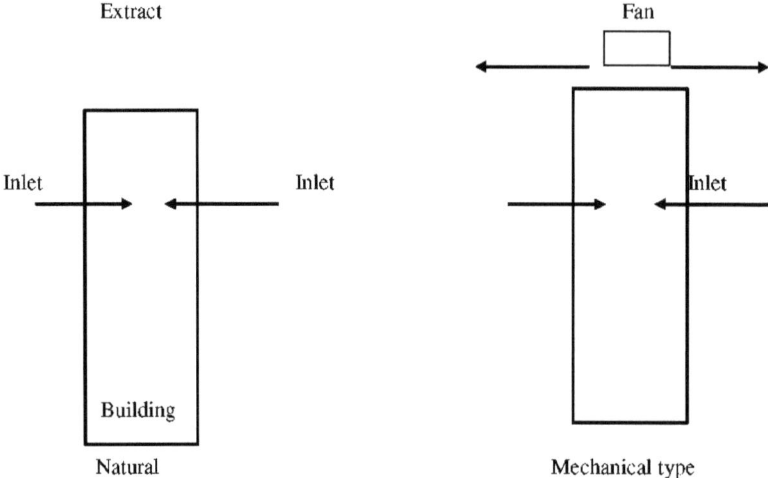

Ventilação mecânica: Os sistemas de ventilação mecânica são frequentemente aplicados a edifícios comerciais, oficinas, fábricas, etc., em que os requisitos de renovação do ar são definidos para garantir a saúde e o bem-estar.

Existem três categorias de sistemas:

1. Entrada natural e extração mecânica

2. Entrada mecânica e extrato natural

3. Entrada mecânica e extração mecânica

O custo de capital da instalação de sistemas mecânicos é superior ao dos sistemas naturais de circulação de ar, mas quer se utilize uma ou mais ventoinhas, a conceção do sistema permite uma renovação e uma circulação de ar mais fiáveis. É visível algum ruído proveniente da ventoinha e da turbulência do ar nas condutas. Este ruído pode ser reduzido através da instalação de atenuadores e separadores de som.

As instalações sanitárias interiores devem estar equipadas com uma conduta de derivação para evitar a passagem de fumo ou de odores entre divisões. Nos edifícios públicos, são igualmente necessários ventiladores duplicados com comutação automática em caso de avaria do ventilador de serviço.

Os sistemas de ventilação assistida por ventoinha que fornecem ar exterior aos compartimentos habitáveis devem dispor de um dispositivo de pré-aquecimento do ar. Devem também ter controlo sobre a quantidade de ar extraído, caso contrário haverá uma perda excessiva de calor. Um sistema mecânico de entrada e extração pode ser utilizado para regular e equilibrar o fornecimento e a emissão de ar, concebendo a dimensão da conduta e a potência do ventilador especificamente para a situação.

O ar pode ser extraído através de dispositivos de iluminação especialmente concebidos para o efeito. Estas permitem que o ar aquecido seja recirculado de volta para a unidade de aquecimento. Isto não só proporciona uma forma simples de recuperação de energia, como também melhora a produção de luz em cerca de 10%. Com qualquer forma de sistema de ventilação com recirculação de ar, o rácio entre ar fresco e recirculado deve ser de, pelo menos, 1:3, ou seja, um mínimo de 25% de ar fresco e um máximo de 75% de ar recirculado. 75% de ar recirculado.

Em grandes edifícios onde não é permitido fumar, como um teatro, pode ser utilizado um sistema de distribuição de ar descendente. Este sistema proporciona um fornecimento uniforme de ar quente filtrado. As condutas em todos os sistemas devem ser isoladas para evitar perdas de calor do ar processado e para evitar a condensação da superfície. Neste método, o movimento do ar é causado por ventoinhas accionadas.

Nota: A entrada e a extração (saída) têm de ser consideradas separadamente.

Existem quatro possibilidades

Entrada	Saída
1. Natural	Natural
ii. Natural	Mecânica
iii. Mecânica	Natural
iv. Mecânica	Mecânica

3.6   SISTEMA DE VENTILAÇÃO MECÂNICA

Esta é a última possibilidade do quadro acima. É suscetível de uma aplicação mais vasta pelas seguintes razões

(i)   A distribuição, a pressão, a temperatura, a humidade, a velocidade, etc. estão sob controlo.

(ii)   Podem ser incluídos filtros de ar para a limpeza do ar de entrada ou de alimentação e do ar de retorno ou de retorno.

circulação de ar.

(iii)   São utilizadas ventoinhas e condutas (se necessário)

(iv)   A alimentação do recinto é efectuada por difusores ou grelhas.

(v)   O aquecimento e/ou o ar condicionado podem ser incluídos, se necessário.

3.7   ENTRADA DE AR

O fornecimento de ar fresco a uma divisão deve ser tal que

(i)   Difunde-se uniformemente em toda a zona ao nível da respiração.

(ii)   Não deve atingir diretamente os ocupantes.

(iii)   Deve dar uma sensação de movimento do ar e evitar baldes estagnados para causar uma sensação de frescura.

3.8 DISTRIBUIÇÃO DE AR

Existem quatro métodos gerais de distribuição de ar.

(i)   Para cima

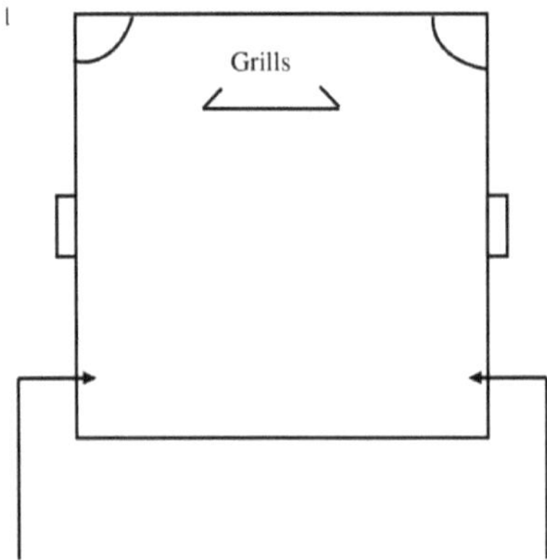

(ii)   Para baixo (com extrator de fumos)

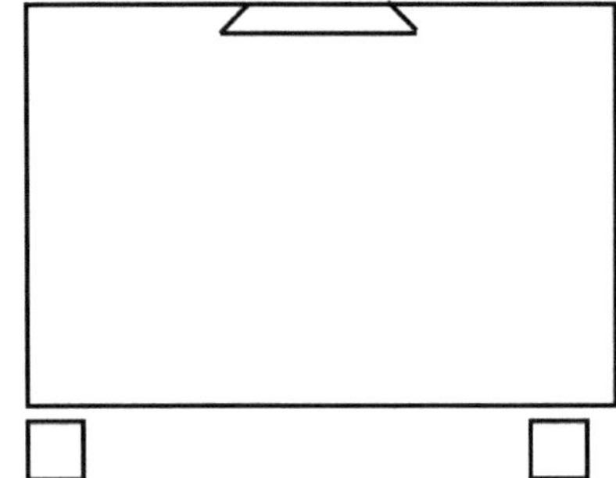

3.9 FILTROS DE AR

O ar de entrada de cada sistema de ventilação provém do ar atmosférico, que contém normalmente os seguintes contaminantes do ar

Suavizar, cinzas, pólenes, esporos de bolor, materiais fibrosos, poeira, grão, borracha desintegrada das estradas, poeiras metabólicas e bactérias.

De entre estas, as mais pesadas depositam-se normalmente por vontade própria e são, por isso, designadas por contaminantes temporários. Os fumos, fumegantes, gases e partículas mais leves permanecem em suspensão e são, por isso, designados por contaminantes permanentes.

Estes devem ser removidos através da passagem do ar contaminado por filtros.

O Micron (μ)

A unidade de medida das partículas de poeira é o mícron.

1mm = 1000 **μ**.

O cabelo humano tem um diâmetro de **100μ** a partícula mais pequena visível ao olho humano é de **15μ** quando consideramos os fumos e fumadores (e odores) estamos a falar de **0,01μ** a **0,1μ**.

3.10 A FINALIDADE DA EXTRACÇÃO DE POEIRAS, FUMOS E VAPORES NOS EDIFÍCIOS

O objetivo da extração de poeiras, fumos e vapores nos edifícios é o seguinte

(i)   Para evitar depósitos de pó na divisão, nas janelas, nas portas, nos móveis e nas decorações.

(ii)   para proteger as baterias do aquecedor de serem revestidas e impedir a eficiência do sistema

de cair. A vida útil dos ventiladores é prolongada.

(iii)   A sujidade do vestuário será apresentada.

(iv)   Prevenção do ataque de bactérias

(v)   Para manter a limpeza e a pureza

3.11 TIPO DE FILTROS

Existem tipos / categorias básicas de filtros, nomeadamente

(i)   Filtros de impacto: São constituídos por placas metálicas onduladas de fibras de vidro cobertas com um líquido oleoso viscoso

(ii)   Filtros de tecido: O material utilizado neste tipo de filtro é uma espécie de tecido, geralmente com um nó pesado, como os cisnes - as partículas de sujidade são retidas ao ficarem presas nas fibras ou nos interstícios, ou em ambos.

(iii)   Filtros electrostáticos: Neste sistema de filtragem, as partículas de poeira (ou vapores ou fumos) que entram no filtro são sujeitas a uma carga ionizante eletrostática e, ao passarem posteriormente pelas placas paralelas que estão alternadamente carregadas e ligadas à terra, as partículas são repelidas pelas placas carregadas e aderem às placas ligadas à terra.

A carga eléctrica é fornecida por uma fonte de alimentação que contém os transformadores e rectificadores necessários para produzir a corrente contínua de alta tensão requerida.

(iv)   Papel ou Fibra Absoluta: um tipo de filtro de célula seca produzido a partir de papel de vidro denso. O papel é dobrado em pregas profundas para criar uma série de formações de veios dispostos paralelamente ao fluxo de ar para aumentar o contacto com a superfície. Alguns fabricantes aplicam entrefolhas de cartão ou de alumínio fino para suportar o papel de vidro e para canalizar o ar através da profundidade do filtro. Este filtro utiliza um tipo especial de papel, geralmente feito de fibra de vidro tecida.

(v)   Filtro de carvão ativado: O carvão ativado produzido a partir de casca de coco com elevado grau de porosidade é muito ativo na absorção de odores, fumos, gases e afins.

3.12 FÃS

Ventilador de hélice: não cria muita pressão de ar e tem um efeito limitado nas condutas. Ideal para utilização em aberturas de ar em janelas e paredes.

Ventilador de fluxo axial: pode desenvolver uma pressão elevada e é utilizado para mover o ar através de secções longas de condutas. O ventilador é parte integrante da secção da conduta e não necessita de uma base.

Ventilador de fluxo axial bifurcado: utilizado para movimentar gases quentes, por exemplo, gases de combustão, e ar gorduroso de exaustores de cozinha comerciais.

Ventilador de fluxo cruzado ou tangencial: utilizado em unidades de convecção de ventiladores.

Ventilador centrífugo: pode produzir alta pressão e tem capacidade para grandes volumes de ar. É mais adequado para instalações maiores, como sistemas de ar condicionado. Pode ter uma ou duas entradas. Podem ser seleccionadas várias formas de impulsor em função do estado do ar. As hélices variáveis e as relações de polia do motor de acionamento destacado fazem deste o mais versátil dos ventiladores.

Capítulo 4

ILUMINAÇÃO

A luz é uma forma de energia que permite a visão. É a parte visível da energia radiante emitida pelas substâncias a altas temperaturas. A luz é uma forma de radiação electromagnética. A sua natureza e o seu comportamento são semelhantes aos das ondas de rádio, num extremo do espetro de frequências, e aos dos raios X, no outro. A luz é reflectida de uma superfície polida (especular) no mesmo ângulo em que a atinge. Uma superfície mate reflecte em várias direcções e uma superfície semi-mate responde algures entre uma superfície polida e uma superfície mate.

4.2 FONTES DE LUZ

A vela e a lâmpada a óleo foram as principais fontes de luz durante milhares de anos. Mais tarde, no século XIX, foram introduzidas a lâmpada a gás e a lâmpada incandescente. Seguiram-se a lâmpada de arco e a lâmpada eléctrica de filamento. E, mais tarde ainda, foi introduzido o tubo de descarga eléctrica (a vapor ou a gás). Todas estas eram fontes secundárias de luz. A fonte primária de luz é o sol, que ilumina durante o dia e cuja luz é reflectida pela lua durante a noite.

4.3 FREQUÊNCIA E COMPRIMENTO DE ONDA

A luz do Sol demora cerca de oito (8) minutos a chegar à Terra. A distância do Sol à Terra é de $1,5 \times 10^{11}$ metros. Portanto, a velocidade da luz do Sol é de 3×10^8 m/s. Esta é a velocidade da luz proveniente de qualquer outra fonte. A frequência da luz é o número de pulsações por segundo, enquanto o comprimento de onda é o intervalo de espaço entre as pulsações.

Frequência x comprimento de onda = velocidade

$F \times \lambda = v$

O comprimento de onda da luz visível é de cerca de 5×10^{-7} m = 5000A° (Angstrom)

Em que $1A° = 10^{-10}$ m ou 10^{-8} cm

Exemplo: 4.1

Se a luz de uma dada fonte tem um comprimento de onda de 5000 A°, determine a frequência se a velocidade for 3×10^8 m/s.

Solução

Solution

$$\text{Frequency} = \frac{\text{velocity}}{\text{wavelength}}$$

$$= \frac{3 \times 10^8}{5000 \times 10^{-8}}$$

$$= 6 \times 10^4 \text{ per sec} \quad = 600 \text{ billion per sec}$$

A luz viaja em linha reta, a menos que sofra alguma interferência. Isto significa que um feixe de luz pode ser refletido, transmitido, refractado, absorvido ou polarizado.

S = Fonte de luz

I = Ponto de incidência no objeto refletor

    IR=Feixe de luz refletido

    SI=Feixe de luz incidente

    i=Ângulo   de incidência

    r=Ângulo   de reflexão

Uma folha fina e transparente de vidro simples permite a transmissão da luz através dela.

Um bloco transparente permite que a luz seja refractada através dele.

PQ = Incident light

QR = Refracted light

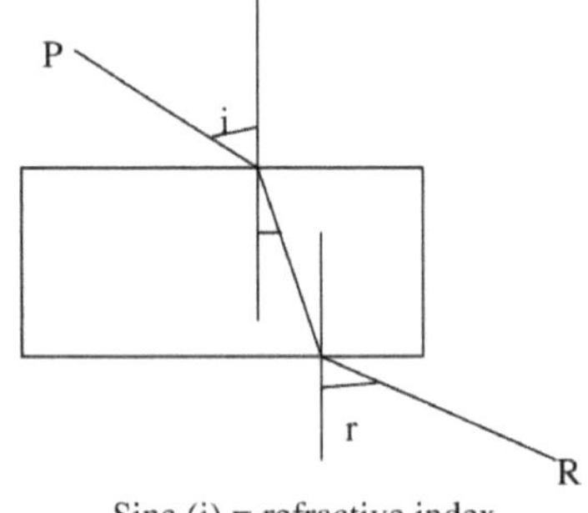

$$\frac{Sine\ (i)}{Sine\ (r)} = refractive\ index$$

i = ângulo de incidência

r = ângulo de refração

Exemplo: 4.2

Numa experiência para determinar o índice de refração de um bloco transparente, os ângulos de incidência e de refração são 20° e 13° , respetivamente. Calcule o índice de refração do material.

From tables sine 20° = 0.342

Sine 13° = 0.225

$$Refractive\ index = \frac{Sin\ i}{Sin\ r} = \frac{Sin\ 20}{Sin\ 13}$$

$$= \frac{0.342}{0.225}$$

$$= 1.52$$

No diagrama acima x = o ângulo de incidência interna e e é o ângulo de refração externa quando e = 90° , x =

ângulo crítico.

$$\text{Refractive index air/gloss} = \frac{\text{Sin } 90}{\text{Sin C}}$$

$$\text{Or Sin C} = \frac{1}{\text{Refractive index air/glass}}$$

Exemplo 4.3

Sabendo que o índice de refração de um bloco de vidro é 1,54, calcule o ângulo crítico para a luz que viaja do vidro para o ar.

$$\text{Refractive Index air/glass} = \frac{\text{Sin } 90}{\text{Sin C}}$$

$$= \frac{1}{\text{Sin C}}$$

$$\text{Sin C} = \frac{1}{\text{Refractive Index air/glass}}$$

$$= \frac{1}{1.54}$$

$$= 0.65$$

$$C = 40.5^{\circ}$$

4.4 O ESPECTRO (SEPARAÇÃO DA LUZ)

O Espectro é a gama completa de cores; Vermelho, Laranja, Amarelo, Verde, Azul, Índigo e Violeta, formado pela separação da luz do sol que é refractada através de um prisma.

4.5 ILUMINAÇÃO

Quando a luz que se desloca de uma fonte atinge um objeto, ocorre a iluminação ou o brilho. A unidade original de iluminação baseava-se no fluxo de energia luminosa, ou fluxo, de uma vela normal, que se diz ser uma fonte de intensidade luminosa (I) de uma potência de vela ou uma candela (cd).

A unidade de fluxo luminoso é o lúmen (lm).

Um lúmen é definido como o fluxo luminoso (F) incidente numa área de superfície unitária de uma esfera de raio unitário devido a uma fonte pontual de I Candela no seu centro.

A área total da superfície de uma esfera = $4\pi r^2$

O fluxo total emitido por uma fonte de uma candela = 4π lúmens (lm) = 12,57 lm

Uma fonte de I Candela emite $4\pi I$ lúmens (lm)

Iluminação produzida por uma fonte de luz perpendicular à superfície:

$$E = I/ d2$$

E = iluminação na superfície (lux)

I = intensidade de iluminação da fonte (cd) d = distância da fonte de luz à superfície (m).

Exemplo 4.4

Determine o fluxo total emitido por uma fonte de 100cd.

$$\text{Flux} = 4\pi I$$
$$= 4\pi \times 100$$
$$= 12.57 \times 100$$
$$= 1257 \text{ Lm}$$

$$\text{Incident flux per unit area} = \frac{\text{Lm}}{\text{M}^2} \text{ (lux)}$$

$$\text{Illumination} = \frac{\text{Flux (Lm)}}{\text{Area (m}^2)}$$

$$E = \frac{F}{A}$$

A luz direta do dia com um céu nublado tem um E = 5000 lux (Lm/m $)^2$

A luz solar direta dá E = 100.000 lux

O nível de iluminação através das janelas de uma divisão é inferior ao nível exterior e varia consoante a posição na divisão e a quantidade de luz reflectida pelas paredes, etc.

O nível mais baixo de iluminação aceitável para um homem é de cerca de 10 lux.

Para um conforto razoável nas habitações, E situa-se entre 50 lux e 100 lux.

Em salas de desenho E $\approx$ 500 lux ou superior.

Desta forma, a luz natural pode ser complementada com iluminação artificial.

O nível de iluminação de uma indústria está diretamente relacionado com a eficiência da produção e com a segurança.

$$\text{Daylight factor} = \frac{\text{Actual Illumination} \times 100}{\text{Outdoor Illumination}}$$

$$DF = \frac{E_a \times 100}{E_o}$$

Onde DF = Fator de luz do dia

Ea = Iluminação interior real

Eo = Iluminação exterior

> Intensidade luminosa:- candela (cd), uma medida da magnitude da luminância ou da luz reflectida por

uma superfície, ou seja, cd/m^2 .

> Fluxo luminoso: - lúmen (lm), uma medida da energia luminosa visível emitida.

> Iluminância:- Lúmens por metro quadrado (lm/m2) ou lux (lx), uma medida da luz que incide numa superfície.

> Eficácia:- eficiência das lâmpadas em lúmenes por watt (lm/W).

> Eficácia luminosa = Fluxo luminoso de saída / Potência eléctrica de entrada.

> Índice de encandeamento:- uma comparação numérica que varia entre cerca de 10, para uma luz sombreada, e cerca de 30, para uma lâmpada exposta. Calculado tendo em conta o tamanho da fonte de luz, a localização, as luminâncias e o efeito da sua envolvente.

Exemplos de níveis de iluminação e de índices de encandeamento limitadores para diferentes actividades:

Atividade/localização	Iluminância (lux)	Limitação do índice de encandeamento
Trabalhos de montagem: (geral)	250	25
(bem)	1000	22
Sala de computadores	300	16
Casa	50 a 300*	n/a
Laboratório	500	16
Palestra/sala de aula	300	16
Escritórios: (geral)	500	19
(desenho)	750	16
Bar público	150	22
Lojas/supermercados	500	22
Restaurante	100	22

* Varia entre 50 nos quartos e 300 na cozinha e no escritório.

4.6 A LEI DO INVERSO DO QUADRADO

A lei estabelece que a iluminação diminui inversamente com o quadrado da distância entre a fonte e a superfície.

$$E \propto \frac{1}{X^2}$$

$$Ex^2 = \text{constant}$$

Proof

$$E \text{ (illumination)} = \frac{F \text{ (Flux)}}{A \text{ (Area)}}$$

$$= \frac{4\pi I}{4\pi x^2}$$

$$= \frac{I}{x^2}$$

$$= \frac{\text{Luminous Intensity (cd)}}{\text{distance (m)}}$$

Exemplo 4.6

Uma lâmpada de 400cd está suspensa 2m acima de um banco horizontal. Encontre a intensidade da iluminação devida à iluminação direta apenas na superfície da bancada imediatamente abaixo da lâmpada b) Num ponto da bancada situado a 1,5 m do primeiro.

a. $E = \dfrac{I}{x^2}$

$$= \frac{400}{2^2} = 100 \text{ lux}$$

b. Using Pythagoras theorem

$$d = \sqrt{2^2 + (1.5)^2}$$

$$= 2.5\text{m}$$

$$E = \frac{I \cos \square}{x^2}$$

$$= \frac{400}{(2.5)^2} \times \frac{2}{2.5}$$

$$= 51.2 \text{ lux}$$

Exemplo 4.6

Um fotómetro fotoelétrico, quando colocado a uma distância de 2 m de uma fonte de luz numa sala escura, regista uma intensidade de iluminação de 20 lux (o fotómetro está protegido da luz reflectida). Determinar a intensidade luminosa da fonte.

$$E = \frac{I}{x^2}$$

$$I = Ex^2$$

$$= 20 \times 2^2$$

$$= 80 \text{ cd}$$

Nota:

$$\text{Lamp Efficiency} = \frac{\text{Lamp Luminous Intensity (cd)}}{\text{Lamp Rating (Watts)}}$$

Se a fonte nos últimos exemplos for uma lâmpada de 100 Watts

$$\text{Lamp Efficiency} = \frac{80\text{cd}}{100}$$

$$= 0.8\text{cd per watt}$$

$$\text{Daylight Factor (DF)} = \frac{\text{Actual Illumination (lux)}}{\text{Outdoor Illumination (lux)}} \times 100$$

Example 4.7

A iluminação num ponto dentro de uma sala é de 100 lux. Calcule o fator de luz do dia se o nível de iluminação exterior for de 800 lux.

$$\text{Daylight Factor (DF)} = \frac{\text{Actual Illumination (lux)}}{\text{Outdoor Illumination (lux)}} \times 100$$

$$DF = \frac{100 \text{ lux}}{800 \text{ lux}} \times 100$$

$$= 1.25\%$$

4.7 LUMINOSIDADE

O brilho é determinado pela quantidade de luz reflectida por uma superfície. Tudo o que é visível tem algum brilho. O brilho é um fator de reflexão de uma superfície chamado luminância (nit).

Example 4.8

Determinar a luminância de uma superfície de reflectância 60% quando a intensidade de iluminação da superfície é de 200 lux.

$$\text{Luminance} = \frac{200 \times 60}{100}$$

$$= 120 \text{ lux}$$

4.8 TIPO DE ILUMINAÇÃO

4.8.1 Iluminação natural

Com a iluminação natural, alguma luz será recebida diretamente por um objeto e outra indiretamente por reflexão de outras superfícies.

A luz natural direta contém normalmente todas as cores do espetro.

A luz natural indireta pode ser deficiente em alguns comprimentos de onda que foram absorvidos, o que dá origem a cores de espetro deficiente.

A luz natural pode ser direccionada do exterior para o interior através de janelas, portas e telhados. Nas fábricas, isto pode ajudar a reduzir o custo de funcionamento quando as luzes artificiais são desligadas.

4.8.2 Projectos de iluminação artificial

The Lumens Formula states that $E = F \times \dfrac{UM}{A}$

Onde U = A utilidade

M = Fator de manutenção

U e M são, cada um deles, inferiores à unidade.

Exemplo 4.9

Encontre o número de lâmpadas de filamento de tungsténio de 100W com uma eficiência de 12,5 lm/W para o seguinte caso:

Medida da sala = 10m x 8m

Iluminação necessária = 100 lux

Utilidade = 0,40

Fator de manutenção = 0,80

Solução

$$A = 10m \times 8m = 80m^2$$

$$F = \frac{AE}{UM}$$

$$= \frac{80 \times 100}{0.4 \times 0.8}$$

$$= 25000 \, lm$$

$$\text{Number of lamps} = \frac{\text{Total flux (lumen)}}{\text{Lumens per (amp)}}$$

$$= \frac{25000}{100 \times 12.5}$$

$$= 20$$

4.9 NÍVEL DE ILUMINAÇÃO NECESSÁRIO PARA DIFERENTES FUNÇÕES EM EDIFÍCIOS SIMPLES

Tarefas visuais	Intensidade de iluminação (cd)
1. Jogos de mesa	30
2. Actividades de cozinha	
a. Lava-loiça	70
b. Mesas, etc.	50
3. Ler e escrever	30 - 70
4. Costura	
a. Tecido escuro	200
b. Períodos prolongados de tecidos leves a médios	100
5. Barbear	50
6. Entradas, escadas	10+
7. Sala de estar, sala de jantar, quarto	10+

4.10 DIFERENTES TIPOS DE LÂMPADAS

4.10.1 Lâmpadas incandescentes:- Foram introduzidas por Thomas Alva Edison em 1879. É a fonte mais antiga e familiar de luz eléctrica e o seu princípio não mudou desde os tempos de Edison, mas a eficiência da lâmpada incandescente atual é cerca de 15 vezes superior à da conceção de Edison. A lâmpada de Edison funcionava durante 40 horas, enquanto a lâmpada incandescente atual dura 1000 horas ou mais.

A luz de uma lâmpada incandescente é produzida pela passagem de corrente eléctrica através de um fio de filamento que se torna branco e quente devido à resistência eléctrica do fio de filamento.

Características das lâmpadas incandescentes

a.   Tamanho pequeno: (25 a 1500 watts)

b.   O custo inicial das lâmpadas incandescentes é inferior ao das lâmpadas fluorescentes.

c.   A temperatura de funcionamento é muito elevada, cerca de 4750 F.°

d.   Devido às elevadas temperaturas de funcionamento, as tomadas, os fios e o isolamento falham prematuramente, o que pode causar risco de incêndio.

4.10.2 Lâmpadas fluorescentes:- A lâmpada fluorescente é constituída por um bolbo tubular ao qual foi retirado o ar e no qual foi introduzida uma pequena quantidade de mercúrio. Um elétrodo é selado em cada extremidade. Quando o elétrodo é aquecido, emite uma certa quantidade de electrões que colidem com os átomos de vapor de mercúrio, emitindo luz visível e uma quantidade considerável de luz ultravioleta. O interior do tubo é revestido com substâncias químicas fluorescentes chamadas "fósforos" que, quando atingidas pelos raios ultravioleta, se transformam num brilho brilhante de luz fluorescente.

Quatro tipos básicos de lâmpadas fluorescentes

a.   Tipo geral: Estes variam em termos de comprimento, diâmetro, potência e tipo de base.

b.   Lâmpadas de arranque rápido: Destina-se a arrancar rapidamente.

c.   Lâmpadas de linha fina: Têm uma forma circular.

Existem quatro tipos de suportes para lâmpadas fluorescentes

a.   Geral, do tipo bi-pino.

b.   Arranque rápido que não necessita de motor de arranque.

c.   Linha fina com tomadas de pino único. Também não são necessários arrancadores.

d.   As lâmpadas de linhas circulares requerem conectores ou suportes de tipo individual e suporte de tensão.

1.1.3   3 Lâmpadas de incandescência: - a lâmpada de tungsténio-iodo é utilizada para a iluminação. A evaporação do filamento é controlada pela presença de vapor de iodo. A lâmpada de incandescência de uso geral, cheia de gás, tem um fio fino de tungsténio encerrado num bolbo de vidro. O fio é aquecido até à incandescência (calor branco) pela passagem de uma corrente eléctrica.

1.1.4   3 Lâmpadas de descarga: - não têm filamento, mas produzem luz por excitação de um gás. Quando a tensão é aplicada aos dois eléctrodos, a ionização ocorre até ser atingido um valor crítico quando a corrente flui entre eles. Com o aumento da temperatura, o mercúrio vaporiza-se e a descarga eléctrica entre os eléctrodos principais provoca a emissão de luz.

4.11   CONDICIONAMENTO DA LUZ

O condicionamento da luz torna as nossas casas visualmente satisfatórias, tal como o ar condicionado nos proporciona conforto físico, independentemente da estação do ano. Quando se climatiza a casa com luz, as divisões parecem maiores, as cores parecem mais ricas, você e os seus móveis parecem mais atraentes. O espaço precioso é mais bem aproveitado.

Existem dois métodos básicos de iluminação;

i.   Iluminação geral utilizada para a deslocação e para as tarefas domésticas.

ii.   A luz local é normalmente fornecida por candeeiros portáteis perto do utilizador. Luminárias suspensas especiais, candelabros, luzes embutidas, candeeiros de parede e abajures, candeeiros de mesa e de pé, candeeiros de chão de vários modelos e decorações também fornecem iluminação local.

4.12   FACTORES CONDICIONANTES DA LUZ

A qualidade da luz que emana de uma fonte, como lâmpadas, luminárias e luzes estruturais, depende de (i) Tipo de fonte (ii) Difusão (iii) Reflectância (iv) Transmitância e Blindagem.

A quantidade de luz depende (i) do tipo (ii) do número (iii) do tamanho (iv) da colocação e (v) da proteção da fonte.

A quantidade e a qualidade da luz das fontes são combinadas profissionalmente por engenheiros de iluminação para produzir uma iluminação que seja visualmente satisfatória nas casas. Este é o objetivo do condicionamento da luz.

Capítulo 5

INSTALAÇÕES ELÉCTRICAS

Em 1831, Michael Faraday conseguiu produzir eletricidade mergulhando um íman em barra numa bobina de fio. Este é considerado o processo elementar pelo qual produzimos eletricidade hoje em dia, mas as bobinas de fio são cortadas por um campo magnético à medida que o íman roda.

Estas bobinas de fio (ou enrolamentos do estator) têm um espaçamento angular de 120^0 e as tensões produzidas estão desfasadas deste ângulo por cada rotação dos ímanes. Gerando assim uma alimentação trifásica.

Uma alimentação trifásica fornece 73% mais potência do que uma alimentação monofásica pela adição de um fio. Com uma alimentação trifásica, a tensão entre dois cabos de linha ou de fase é 1,73 vezes superior à tensão entre o neutro e qualquer um dos cabos de linha, ou seja, 230 volts x 1,73 = 400 volts, em que 1,73 é derivado da raiz quadrada das três fases.

No Reino Unido, a eletricidade é produzida em centrais eléctricas com um potencial de 25 quilovolts (kV), em alimentação trifásica a 50 ciclos por segundo ou hertz (Hz). Posteriormente, é processada por transformadores elevadores para 132, 275 ou 400 kV antes de ser ligada à rede nacional. A energia para as grandes cidades é fornecida por linhas aéreas de 132 kV ou 33 kV, onde é transformada numa alimentação subterrânea de 11 kV para as subestações. A partir destas subestações, a alimentação é novamente transformada para o potencial inferior de 400 volts, alimentação trifásica e 230 volts, alimentação monofásica para distribuição geral.

O abastecimento das habitações e outros pequenos edifícios é efectuado por um circuito circular subterrâneo a partir das subestações locais. O abastecimento das fábricas e de outros grandes edifícios ou complexos é efectuado a partir da rede principal de 132 ou 33 kV. Os edifícios e empreendimentos de maiores dimensões necessitam do seu próprio transformador, que normalmente possui uma ligação em estrela-triângulo para fornecer uma alimentação trifásica a quatro fios ao edifício. Uma unidade consumidora de carga dividida proporciona uma proteção adicional e específica aos circuitos de saída que podem fornecer eletricidade a equipamento portátil para utilização no exterior. Isto é particularmente adequado para tomadas no rés do chão que possam ter uma extensão ligada. Por exemplo, o painel de controlo do fogão, o circuito principal do anel da cozinha e o circuito principal do anel do rés do chão.

Estes circuitos do rés do chão têm uma barra dedicada ao vivo e neutro dentro da unidade consumidora e um dispositivo de proteção para além de disjuntores em miniatura para cada circuito individual.

As tomadas eléctricas devem ser colocadas entre 150 mm e 250 mm acima do nível do chão e das superfícies de trabalho. Uma exceção são os edifícios destinados a pessoas idosas ou doentes, onde a altura das tomadas deve situar-se entre 750 e 900 mm acima do chão. Cada terminal de tomada deve estar equipado com uma saída dupla para reduzir a necessidade de adaptadores. A disposição das tomadas deve limitar o comprimento dos cabos a um máximo de 2 m.

5.2 TOMADA ELÉCTRICA EM EDIFÍCIO DOMÉSTICO

A seguir, apresentam-se orientações sobre a disposição mínima das tomadas eléctricas nos alojamentos domésticos:

Localização	Quantidade mínima de tomadas
Salas de estar	8
Cozinha	6
Quarto principal	6
Sala de jantar	4
Quarto de estudo	4
Sala de utilidades	4
Quartos individuais	4
Hall e patamar	2
Garagem/oficina	2
Casa de banho	1 : tomada para máquina de barbear com isolamento duplo

5.3 CARGA MÁXIMA/NECESSIDADE DE FUSÍVEL

Cargas máximas dos aparelhos (watts) e seleção do fusível do cartucho da ficha (BS 1362) para uma alimentação de 230 volts:

Carga máxima (W)	Classificação dos fusíveis da ficha (amp)
230	1
460	2
690	3
1150	5
1610	7
2300	10
2900	13

Calculado a partir de: Watts = Amperes x Tensão.

5.4 CIRCUITO ELÉCTRICO NO EDIFÍCIO

Na maioria dos edifícios, o fornecimento de eletricidade divide-se principalmente em três tipos básicos de circuitos. São eles;

1.   Circuitos de iluminação

2.   Circuitos de tomadas de corrente

3.   Circuitos de aparelhos fixos

1.1.1 Circuitos de iluminação

Os circuitos de iluminação são cablados com cabos de 5 amperes a 15 amperes de carga. Os circuitos de iluminação podem incorporar várias disposições de comutação. Num circuito de interrutor unidirecional, o interrutor unipolar deve ser ligado ao condutor sob tensão. Para garantir que tanto o condutor vivo como o neutro estão isolados da alimentação, pode ser utilizado um interrutor de dois pólos, embora estes estejam geralmente limitados a instalações em edifícios de maiores dimensões, onde o número e o tipo de aparelhos de iluminação exigem um fluxo de corrente relativamente elevado. Desde que a queda de tensão (4% máx.) não seja excedida, duas ou mais lâmpadas podem ser controladas por um interrutor unipolar de uma via.

Em princípio, o interrutor bidirecional é um comutador unipolar interligado em pares. Dois interruptores permitem o controlo de uma ou mais lâmpadas a partir de duas posições, como acontece em situações de escadas/andares, quartos e corredores. Nos grandes edifícios, cada ponto de acesso deve ter o seu próprio interrutor de controlo da iluminação. Qualquer número destes pode ser incorporado num circuito de interrutor de duas vias. Estes controlos adicionais são conhecidos como interruptores intermédios.

Um sub-circuito para iluminação está geralmente limitado a uma carga total de 10 aparelhos de iluminação de 100 watts. Requer um fusível de 5 amperes ou uma proteção contra sobrecarga de disjuntores miniatura (MCB) de 6 amperes na unidade consumidora. A importância de não exceder estas classificações pode ser vista a partir da relação simples entre corrente (amperes), potência (watts) e potencial (tensão), ou seja, Amperes = Watts / Volts. Para evitar a sobrecarga do fusível ou do MCB, o limite de 10 lâmpadas a 100 watts passa a ser: Amperes = (10 x 100) /230 = 4,3 ou seja, <5 amperes de proteção do fusível.

Nos grandes edifícios, é frequentemente utilizada uma proteção contra sobrecargas mais elevada devido à maior carga. A cablagem para a iluminação é normalmente realizada utilizando o sistema de "loopingin", embora seja possível utilizar caixas de junção em vez de rosetas de teto para ligações a interruptores e acessórios de iluminação.

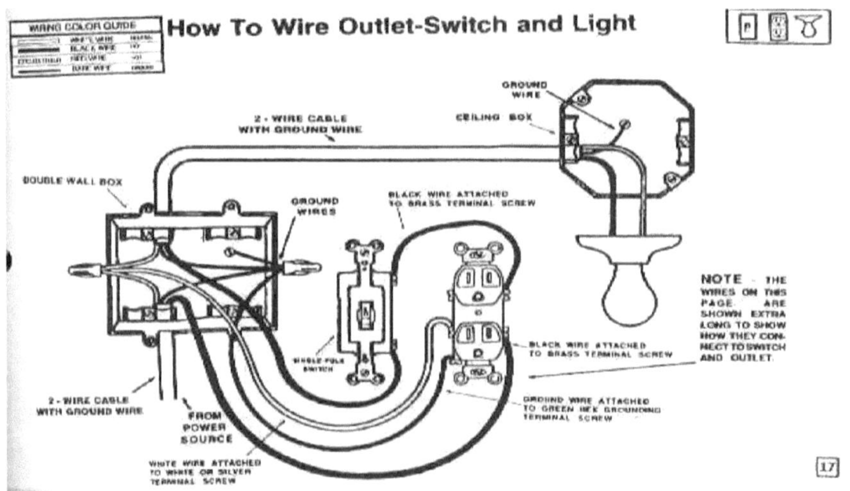

Figura 5.1 Circuito de iluminação (sentido único)

1.1.2 Circuitos de tomadas de corrente

As tomadas de corrente nas quais se podem ligar aparelhos eléctricos portáteis são uma parte vital de quase todas as instalações em edifícios. O circuito de anel principal é o método mais popular de fornecimento de tomadas de corrente em edifícios. No circuito principal em anel, um cabo pesado corre num circuito à volta de parte do edifício, começando e terminando no quadro de distribuição onde o condutor de linha é servido por um fusível de 30 amperes. Existem tomadas no anel e os aparelhos são ligados a elas por meio de fichas, cada uma das quais com um fusível. O fusível das fichas, tal como utilizado neste país, é de 13 ou 15 amperes para se adequar ao aparelho específico controlado, permitindo assim uma flexibilidade total no movimento do aparelho e uma utilização máxima das tomadas. Quando se verifica uma avaria num aparelho, o fusível dessa ficha funde-se, deixando o circuito principal inalterado. O número máximo de tomadas de 13 amperes permitido num anel de distribuição é 10, exceto em habitações onde deve haver um anel separado por cada 100 m^2 , ou parte de 100 m^2 , mas onde pode ser previsto um número ilimitado de tomadas. Podem ser instalados ramais a partir do anel, economizando assim a cablagem, desde que não haja mais de duas tomadas por ramal e que não mais de 50% das tomadas do anel sejam servidas por ramais.

1.1.3 Circuitos de Aparelhos Fixos

Os aparelhos fixos, tais como fogões, esquentadores, aparelhos **de ar** condicionado, etc., **têm os seus** próprios fusíveis e **circuitos** individuais. Em cada caso, **deve** existir um interrutor de isolamento junto do aparelho, **para** que os trabalhos nele efectuados possam ser **realizados** em segurança. O circuito em anel é utilizado **para a** alimentação eléctrica monofásica das tomadas de três pinos. É constituído por um cabo com **bainha** de PVC que contém condutores **vivos** e neutros com isolamento de PVC e uma ligação à terra exposta que passa por cada tomada. Num edifício doméstico, um circuito em anel pode servir um número ilimitado de tomadas até **uma** superfície **máxima** de 100 m^2 . É também previsto um **circuito** separado **exclusivamente** para a **cozinha**, uma **vez que** esta contém aparelhos de potência relativamente elevada. As ligações das tomadas ao anel **têm** pequenos fusíveis de **cartucho** até 13 amperes, de acordo com o aparelho **ligado à tomada**. O número de **tomadas de corrente de um** ramal não deve exceder o número de tomadas de corrente e de aparelhos fixos no anel. Aparelhos fixos como lareiras, **comandos** de aquecimento e aquecedores de água de baixa potência podem ser ligados a um espigão com fusível a partir de uma tomada em anel. **Os** aparelhos e **instalações** com um fator de carga **superior a** 3 kW, por exemplo, aquecedor de imersão, fogão, extensão de um **anexo**, etc., não devem ser **ligados a** qualquer parte **de** um circuito em anel. Estes são alimentados por um circuito **radial** separado **da unidade** consumidora.

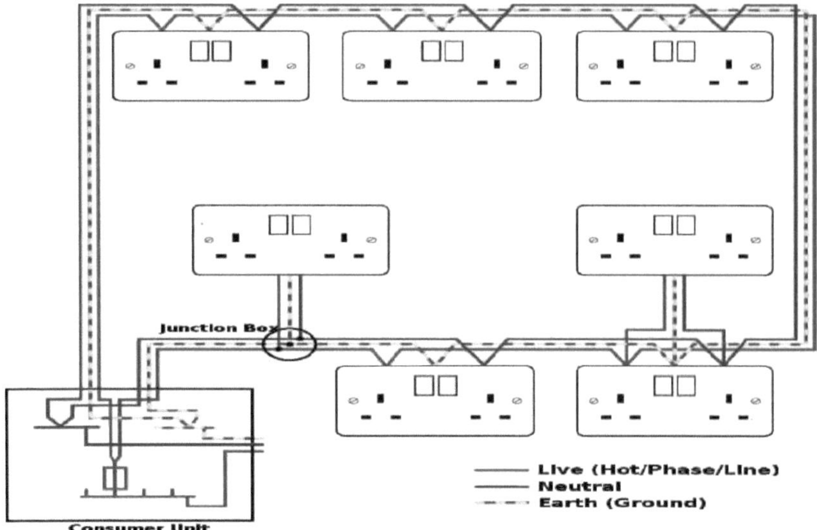

Figura 5.2 Unidade de tomada de anel

5.5   ELEMENTOS ELÉCTRICOS UTILIZADOS NOS EDIFÍCIOS (EDIFÍCIOS SIMPLES)

1.   Cabo de admissão (da Autoridade de Energia)

2.   Contador de eletricidade (da Autoridade de Energia)

3.   Unidade de controlo de fusíveis com interrutor completo com interrutor de rede e fusíveis de 5 amperes a 30 amperes.

4.   Cabos de distribuição, fios de 3 núcleos, fios de 2 núcleos e núcleos simples de 1 mm a 2,5 mm e conectores de cabos.

5.   Fio flexível para ligações de iluminação.

6.   Rosas de teto e caixas de derivação.

7.   Suportes de lâmpadas

8.   Lâmpadas e acessórios de iluminação.

9.   Abajures e aparelhos de iluminação.

10.   Tomadas de corrente, 13 amperes e 15 amperes.

11.   Interruptores

12.   Interruptor e fichas, 13 amperes e 15 amperes.

13.   Condutor de terra.

14.   Aparelhos domésticos de vários tipos, tais como fogões, ferros de engomar, aquecedores, rádios,

ventoinhas, aparelhos de ar condicionado, televisores, computadores, estabilizadores de tensão, aspiradores, trituradores, liquidificadores, etc.

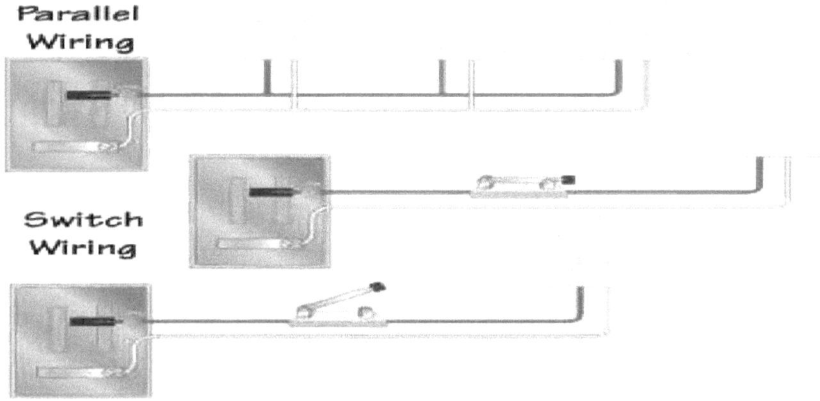

Figura 5.3 Sistema de cablagem da luz

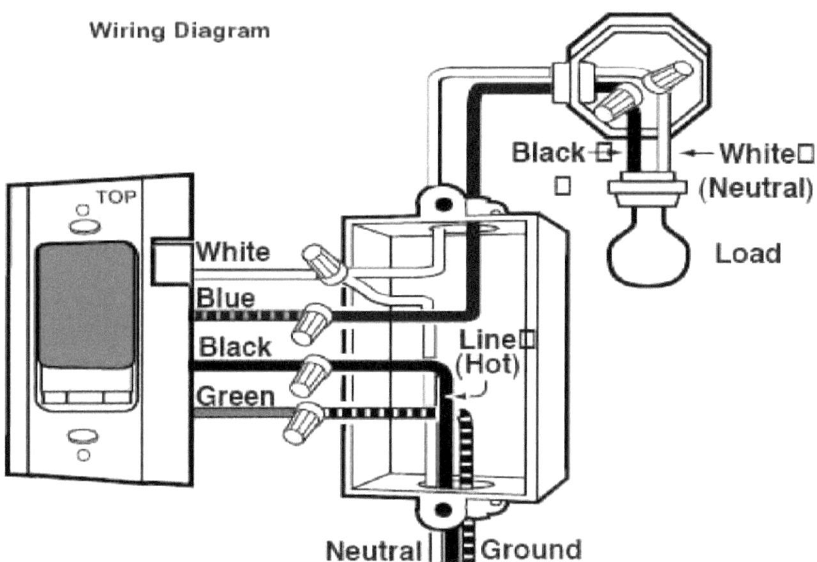

Figura 5.4 Sistemas de cablagem de luz

5.6 SISTEMA DE PROTECÇÃO DAS INSTALAÇÕES ELÉCTRICAS

As instalações eléctricas devem ser protegidas contra sobrecargas de corrente, caso contrário os aparelhos, os cabos e as pessoas que utilizam o equipamento podem ser danificados. Os dispositivos de proteção podem ser considerados em três categorias:

1. Fusíveis semi-fechados (rebobináveis).

2. Fusíveis de cartucho com elevada capacidade de rutura (HBC ou HRC).

3. Disjuntores miniatura (MCB).

Nenhum destes dispositivos funciona necessariamente de forma instantânea. A sua eficiência depende do grau de sobrecarga. Os fusíveis reutilizáveis podem ter um fator de fusão até ao dobro da sua corrente nominal e os fusíveis de cartucho até cerca de 1,6. Os MCB podem suportar alguma sobrecarga, mas esta será instantânea (0,01 segundos) em correntes muito elevadas.

Características:

i.   Fusível reutilizável semi-fechado:

Barato.

Simples, ou seja, sem partes móveis.

Propenso a abusos (pode ser utilizado um fio incorreto).

Deterioração da idade.

Pouco fiável com as variações de temperatura.

Não pode ser testado.

Figura 5.5 fusível reutilizável semi-fechado

ii.   Fusível de cartucho:

Compacto.

Bastante barato, mas mais caro do que o desejável.

Sem partes móveis.

Não pode ser reparado.

Pode ser objeto de abusos.

Figura 5.3 Sistema de cablagem da luz

Figura 5.3 Sistema de cablagem da luz

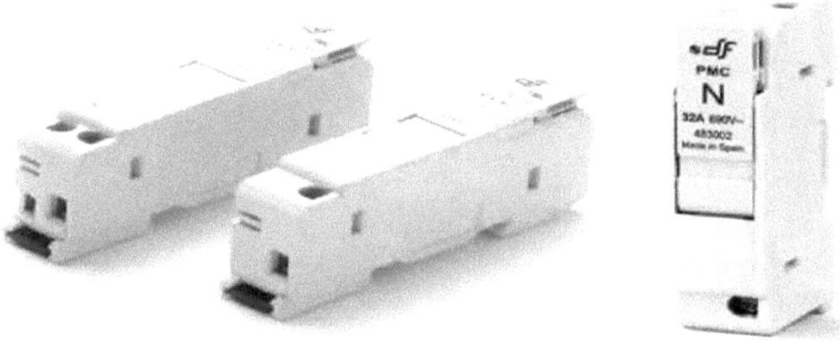

Figura 5.6 Fusível do cartucho

iii. Disjuntor miniatura:

Relativamente caro.

Testado na fábrica.

Instantâneo em fluxo de corrente elevado.

Pouco provável que seja utilizado incorretamente.

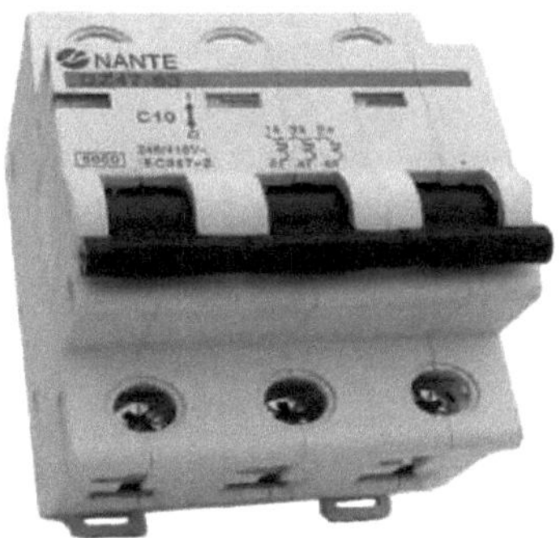

Figura 5.7 Disjuntor miniatura (MCB)

A escolha dos dispositivos de proteção contra choques em edifícios é feita entre disjuntores e fusíveis. Os fusíveis custam menos, mas os disjuntores são mais cómodos e rearmáveis. Os fusíveis podem ser do tipo rearmável ou do tipo cartucho. O primeiro é mais seguro do que o segundo. Os fusíveis de cartucho são normalizados em contentores selados e o cartucho inteiro só pode ser substituído quando o fusível está queimado. Atualmente, os disjuntores são mais recomendados porque, quando um circuito é interrompido, pode ser localizado e o disjuntor pode ser reposto. Para além da utilização de fusíveis e disjuntores, a instalação adequada dos equipamentos e a manutenção regular garantem a proteção contra os choques. Além disso, devem ser instalados condutores de terra em todos os pontos de saída.

Os para-raios devem ser instalados em locais estratégicos nos telhados do edifício. Um é suficiente para um edifício simples.

Capítulo 6

SISTEMA DE ARREFECIMENTO

O sistema de arrefecimento é conseguido através do desenvolvimento dos princípios de movimentação do ar em sistemas de ventilação por condutas, de modo a incluir uma série de processos físicos e científicos que melhoram a qualidade do ar. O objetivo é fornecer e manter as condições do ar interior num estado pré-determinado, independentemente da época do ano, da estação do ano e do ambiente atmosférico exterior. Para edifícios com ocupação humana, a especificação do projeto deverá incluir uma temperatura do ar interior de 19 a 23^0 C e uma humidade relativa entre 40 e 60%.

Segue-se um glossário de alguma da terminologia utilizada na conceção de ar condicionado:

Ponto de orvalho:- temperatura a que o ar está saturado (100% HR) e o arrefecimento posterior manifesta-se na condensação da água no ar.

Temperatura de bolbo seco:- temperatura indicada por um elemento sensor seco, como o mercúrio, num termómetro de tubo de vidro (^{0} C, db).

Entalpia:- energia térmica total, ou seja, calor sensível + calor latente. Entalpia específica (kJ/kg de ar seco). Entropia:- medida da energia térmica total num refrigerante para cada grau de temperatura (kJ/kg^0 C). Calor latente: - energia térmica adicionada ou removida à medida que uma substância muda de estado, enquanto a temperatura permanece constante, por exemplo, a água transforma-se em vapor a 100^0 C e à pressão atmosférica (W).

Teor de humidade:- quantidade de humidade presente numa unidade de massa de ar (kg/kg de ar seco).

Percentagem de saturação:- relação entre a quantidade de humidade no ar e o teor de humidade do ar saturado à mesma temperatura de bolbo seco. Quase o mesmo que a HR e frequentemente utilizado em vez desta.

Humidade relativa (HR:- rácio de água contida no ar a uma dada temperatura de bolbo seco, como percentagem da quantidade máxima de água que pode ser mantida no ar a essa temperatura.

Ar saturado:- ar a 100% HR.

Calor sensível:- energia térmica que provoca a variação da temperatura de uma substância sem alterar o seu estado (W).

Volume específico:- quantidade de ar por unidade de massa (m3/kg).

Temperatura de bolbo húmido:- temperatura deprimida medida no mercúrio de um termómetro de vidro com o bolbo sensor mantido húmido por musselina saturada (^{0} C wb).

6.2   SISTEMAS DE AR CONDICIONADO EM PACOTE

Os sistemas de ar condicionado embalados são unidades fabricadas em fábrica, entregues no local para instalação direta. Contêm um sistema de refrigeração de ciclo de compressão de vapor, utilizando o evaporador para arrefecimento e o condensador para aquecimento, com fornecimento de ar processado por ventilador.

Estão disponíveis numa vasta gama de capacidade de potência, potência do ventilador, carga de refrigeração e aquecimento para adaptação a vários tipos de edifícios e situações.

Os edifícios de pequena e média dimensão são os mais adequados para estes sistemas, uma vez que seria demasiado dispendioso e impraticável fornecer numerosas unidades para utilização em grandes edifícios com várias divisões. As unidades mais pequenas (1 - 3 kW) são portáteis e independentes, bastando ligá-las a uma tomada eléctrica de parede. As unidades maiores e fixas (geralmente 10-60 kW, mas disponíveis até 300 kW) podem ser inestéticas e difíceis de instalar. Estas podem estar localizadas numa arrecadação e ter extensões curtas de condutas para divisões adjacentes.

Os pacotes contêm todos os processos das unidades de tratamento de ar convencionais, com exceção de um humidificador a vapor ou a água. A humidificação é obtida através da condensação da serpentina de refrigeração de expansão direta (DX) suspensa na entrada de ar. Para utilização no verão, a serpentina fria (DX) arrefece o ar que entra e o ar recirculado. A serpentina do condensador quente é arrefecida externamente por um ventilador. Para utilização no inverno, o ciclo de refrigeração é invertido por uma válvula de comutação para se tornar numa bomba de calor. Agora, o ar frio que entra é aquecido ou pré-aquecido através da serpentina do condensador quente e pode ser ainda mais aquecido por um elemento elétrico ou por uma serpentina de água quente no ponto de descarga.

Tipos de sistemas:

1.   **Pacote autónomo (único)**:- adequado para salas relativamente pequenas, por exemplo, lojas, restaurantes e salas de aula. Pode ser autónomo ou ligado à estrutura.

Figura 6.1 Ar condicionado de pacote único

2.   **Pacote dividido (duplo)**:- duas unidades separadas. Uma contém ventilador, filtro, evaporador e válvula de expansão para localização interior. A outra contém condensador, ventilador e compressor para localização externa. As duas estão ligadas por tubagem de refrigeração. Isto tem a vantagem de uma unidade exterior poder servir várias unidades interiores.

Figura 6.2 Ar condicionado de pacote dividido

Figura 6.3 Ar condicionado de pacote dividido

6.3 REFRIGERAÇÃO

Os sistemas de refrigeração são utilizados para:

. Água fria para circulação através de serpentinas de refrigeração. A salmoura pode ser utilizada como uma alternativa mais eficiente à água.

. Arrefecer diretamente o ar, suspendendo a serpentina fria do evaporador no fluxo de ar. Quando utilizado desta forma, o permutador de energia é conhecido como uma bobina de expansão direta (DX). O sistema mais adequado para o ar condicionado é o ciclo de compressão de vapor. Trata-se de um sistema de tubos selados que contém refrigerante, compressor, serpentina do condensador, válvula de expansão e serpentina do evaporador, ou seja, todos os componentes básicos de um frigorífico doméstico.

Os refrigerantes são muito voláteis e entram em ebulição a temperaturas extremamente baixas de -30 a -40^0 C. São também capazes de contribuir para a destruição da camada de ozono quando libertados para a atmosfera. O diclorodifluorometano (R12), conhecido como CFC, é utilizado em muitos sistemas existentes, mas proibido para novos produtos. O monoclorodifluorometano (R22), conhecido como HCFC, é menos destruidor da camada de ozono. Continua a ser utilizado, enquanto os fabricantes investigam alternativas mais amigas do ambiente.

O ciclo de compressão e evaporação de refrigeração efectua uma mudança de temperatura e de estado no refrigerante, de líquido para gás e vice-versa. A pressão de saturação e a temperatura aumentam para emitir calor no condensador à medida que a energia térmica é absorvida pelo evaporador. À medida que o fluido frigorigéneo líquido se transforma em gás através da válvula de expansão, absorve consideravelmente mais calor do que durante a simples mudança de temperatura. Isto é conhecido como o calor latente de vaporização.

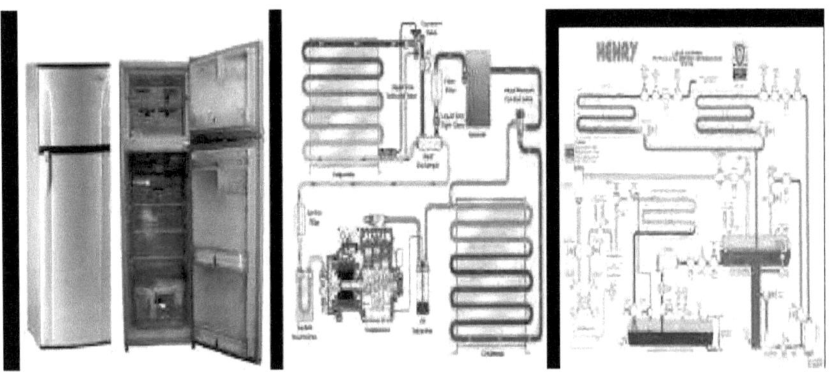

Figura 6.4 Armário do frigorífico/unidade de condensação

Referência

1.   Musa A.I (2012) Nota de aula sobre Serviços e Equipamentos de Construção para estudantes de Arquitetura (2009-2012), Não publicado.

2.   Newnes Building Services pocket book, 2nd edition, 2005 by J.Knight & P Jones, An imprint of Elsevier, Linacre House, Jordan Hill, Oxford. ISBN 07506 57855

3.   Building Services Handbook, 5th edition, 2009 by Fred Hall & Roger Greeno, An imprint of Elsevier, Linacre House, Jordan Hill, Oxford. ISBN 9781 85617 6262

Apêndice 1

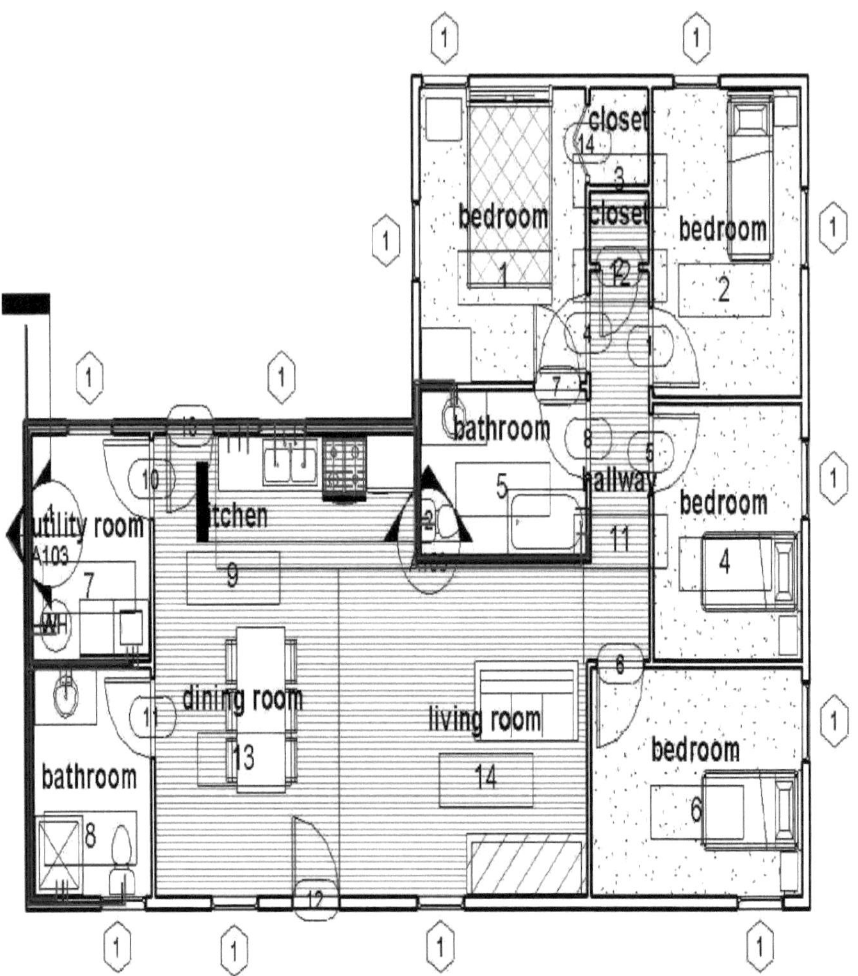

Desenho típico de M & E

Apêndice 2

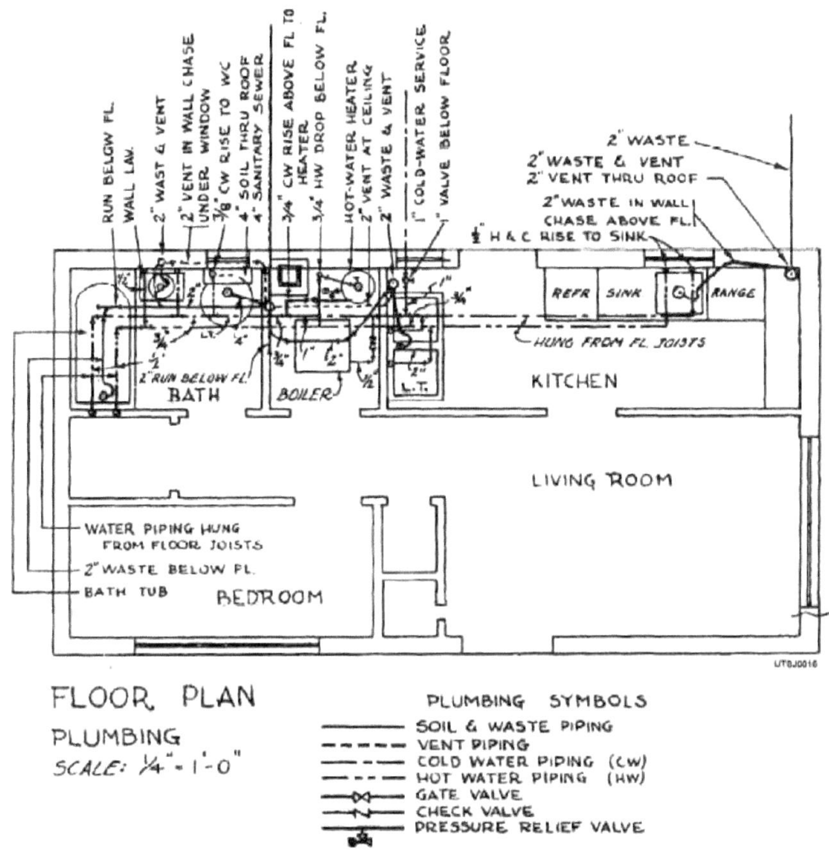

Desenho mecânico típico (pormenores de canalização)

Apêndice 3

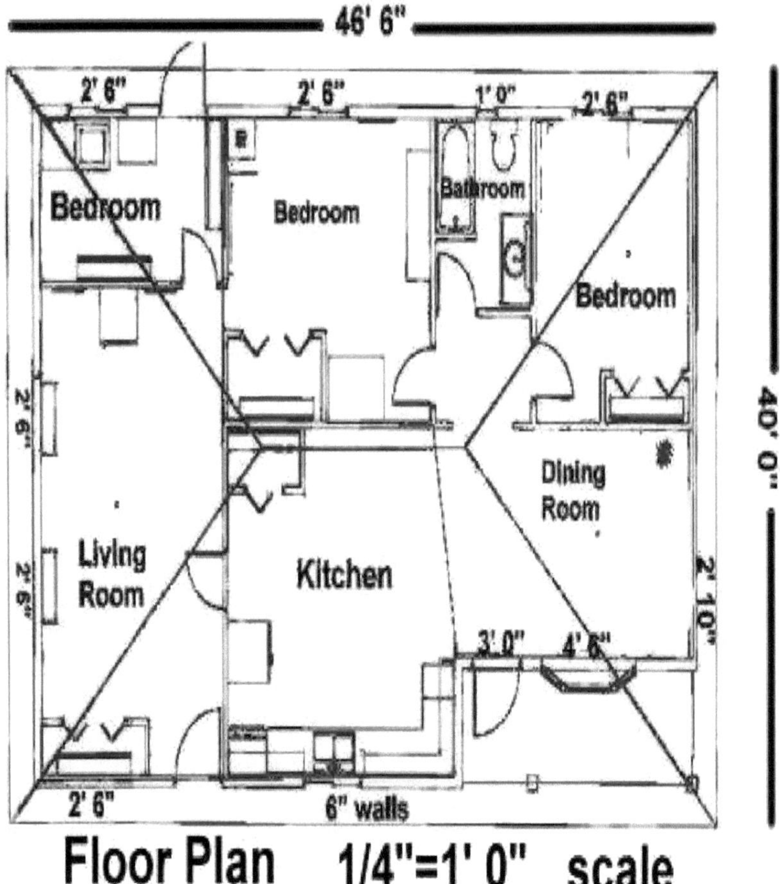

Desenho mecânico

Apêndice 4

BED 1
3700 × 3650
LIVING
6200 × 4300
BED 2
3800 × 3700
DINING
3300 × 3100
BED 3
3800 × 3700
BATH
LAUNDRY
F
KITCHEN
WC
WM
VERANDAH
BUNGALOW
Copyright RAMTEC Pty
109 Forrest Street
COTTESLOE   WA   6011
1350
8200
1350
1950
14 800
1950

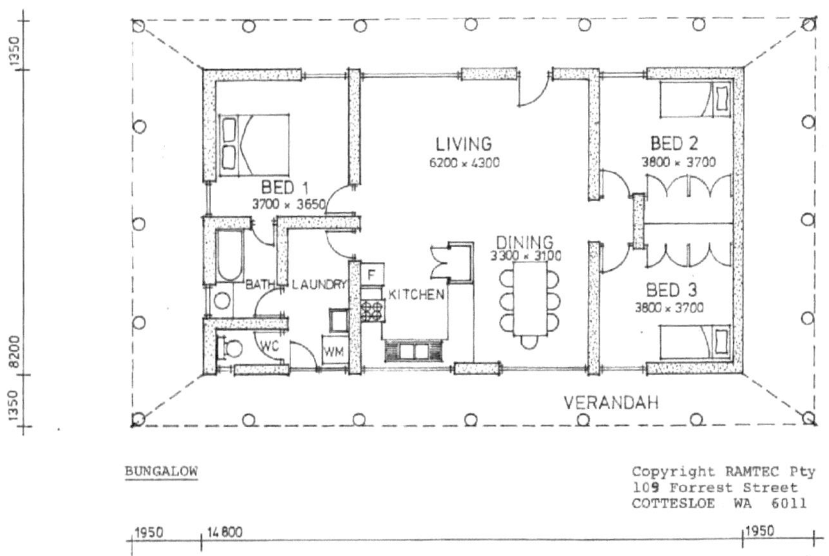

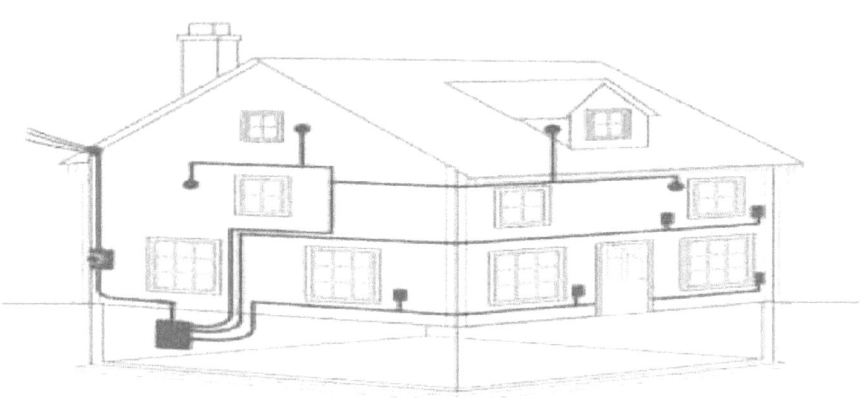

Apêndice 5

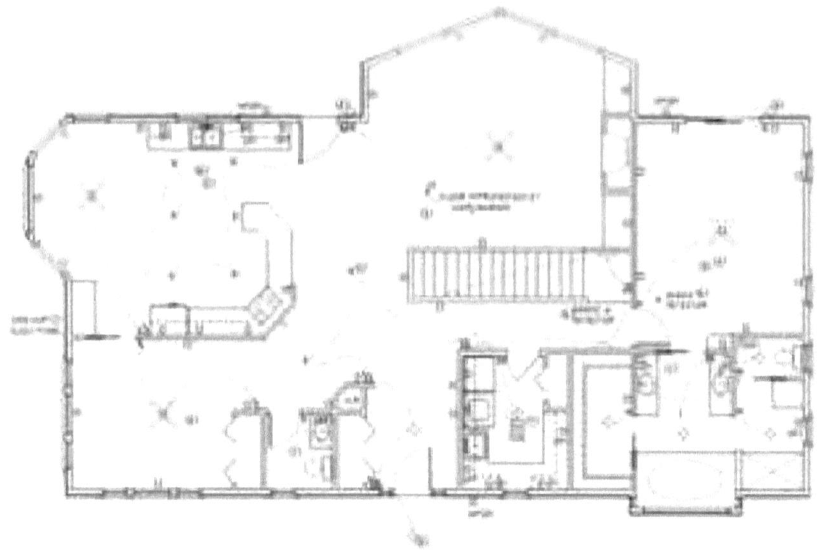

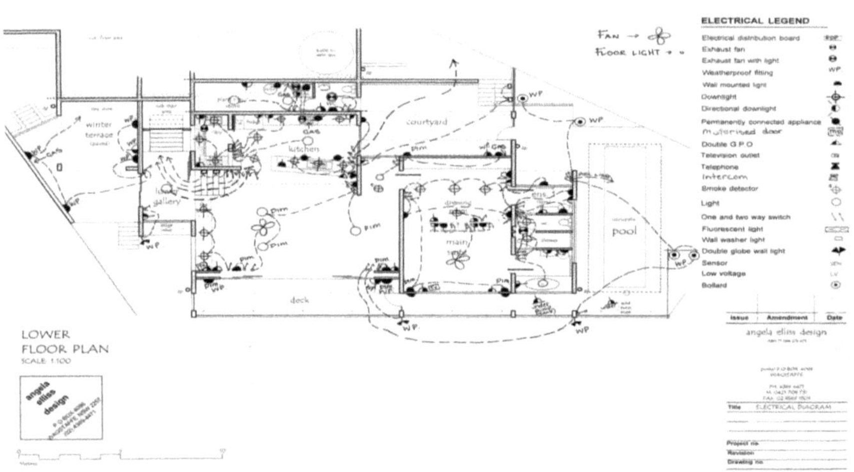

Desenho elétrico típico

Apêndice 6

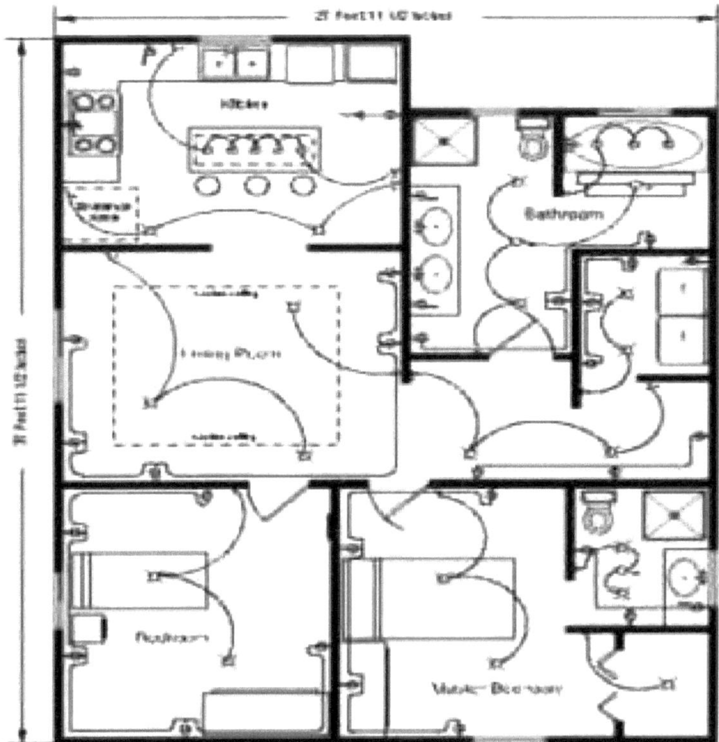

Desenho elétrico típico

I want morebooks!

Buy your books fast and straightforward online - at one of world's fastest growing online book stores! Environmentally sound due to Print-on-Demand technologies.

Buy your books online at
www.morebooks.shop

Compre os seus livros mais rápido e diretamente na internet, em uma das livrarias on-line com o maior crescimento no mundo! Produção que protege o meio ambiente através das tecnologias de impressão sob demanda.

Compre os seus livros on-line em
www.morebooks.shop

Printed by Books on Demand GmbH, Norderstedt / Germany